EUL VERLAG

Christian Neßler
Felix Tellhelm

Corporate Social Responsibility

Eine signalingtheoretische Analyse

EUL VERLAG

Bibliografische Information der Deutschen Nationalbibliothek

Die Deutsche Nationalbibliothek verzeichnet diese Publikation in der Deutschen Nationalbibliografie; detaillierte bibliografische Daten sind im Internet über <http://dnb.d-nb.de> abrufbar.

ISBN 978-3-8441-0170-6
1. Auflage Juli 2012

JOSEF EUL VERLAG GmbH
Brandsberg 6
53797 Lohmar
Tel.: 0 22 05 / 90 10 6-6
Fax: 0 22 05 / 90 10 6-88
E-Mail: info@eul-verlag.de
http://www.eul-verlag.de

Bei der Herstellung unserer Bücher möchten wir die Umwelt schonen. Dieses Buch ist daher auf säurefreiem, 100% chlorfrei gebleichtem, alterungsbeständigem Papier nach DIN 6738 gedruckt.

Vorwort

In den letzten Jahren lässt sich national und international eine verstärkte Diskussion um die Rolle von Unternehmen in der Gesellschaft und um die ethischen Grundlagen des Wirtschaftens verzeichnen. Fortschreitende Globalisierung, gesellschaftlicher Wertewandel, der zunehmende Rückzug des Staates aus der sozialen Verantwortung sowie eine Reihe von wirtschaftlichen Skandalen haben dazu beigetragen, dass eine stärkere soziale Verantwortung der Unternehmen gefordert wird. Die Diskussion um verantwortungsvolles unternehmerisches Handeln wird unter dem Begriff Corporate Social Responsibility (CSR) geführt. CSR umfasst wird dabei ein freiwilliges unternehmerisches Engagement, „das über die expliziten und impliziten Vorgaben der gesellschaftlichen Grundordnung hinausgeht“.[1]

Auch auf Seite der Unternehmen ist im Zuge dieser Diskussion eine wachsende Bereitschaft zur Übernahme gesellschaftlicher und ökologischer Aspekte als substanziellen Bestandteil ihrer Unternehmenspolitik zu erkennen. Die Anspruchsgruppen eines Unternehmens wiederum orientieren ihre Erwartungen nicht lediglich an Wachstums- und Performance-Kennzahlen, sondern zunehmend auch am gesellschaftlichen Mehrwert und Nachhaltigkeit der unternehmerischen Tätigkeit.

CSR ist außerdem zum starken Instrument der Außendarstellung und offeriert einerseits die Chance, sich als guter Unternehmensbürger zu präsentieren, andererseits birgt es das Risiko als schlechtes Unternehmen wahrgenommen zu werden, oder sogar als Trittbrettfahrer bei unglaubwürdiger CSR. Unter Berücksichtigung des nicht unerheblichen Reputationspotentials sowie -risikos wird die Wahrnehmung bei Geschäftspartnern und Öffentlichkeit zur strategischen und damit auch zur erfolgswirtschaftlichen Kenngröße.

Die vorliegende Arbeit greift diese Entwicklung auf und analysiert CSR im Rahmen des Stakeholdermanagements anhand des Instrumentariums der Signalingtheorie und versucht den Beitrag von CSR zu Verringerung von Informationsasymmetrien aufzuzeigen.

Mainz, im Juli 2012

Felix Tellhelm
Christian Neßler

[1] Falck/Heblich (2006), S. 1.

Inhaltsverzeichnis

Abbildungsverzeichnis

Tabellenverzeichnis

Abkürzungsverzeichnis

CC	Corporate Citizenship
CEO	Chief Executive Officer
CEP	Council of Economic Principles
CSP	Corporate Social Performance
CSR	Corporate Social Responsibility
DCGK	Deutscher Corporate Governance Kodex
EFQM	European Foundation for Quality Management
EMAS	Eco-Management and Audit Scheme
EU	Europäische Union
GCR	Good Company Ranking
GRI	Global Reporting Initiative
ISO	International Standardisation Organization
NGO	Non Governmental Organizations
PPP	Public Private Partnership
ROI	Return on Investment
SA 8000	Social Accountability 8000
SAI	Socially Accountability International
SRI	Socially Responsible Investment
UN	United Nations Organization
USSIF	United States Social Investment Forum
WBCSD	World Business Council for Sustainable Development
WMS	Wertemanagementsystem
WTO	World Trade Organization

1. Einleitung

1.1. Problemstellung

In den letzten Jahren lässt sich national und international eine verstärkte Diskussion um die Rolle von Unternehmen in der Gesellschaft und um die ethischen Grundlagen des Wirtschaftens verzeichnen. Fortschreitende Globalisierung, gesellschaftlicher Wertewandel, der zunehmende Rückzug des Staates aus der sozialen Verantwortung sowie eine Reihe von wirtschaftlichen Skandalen haben dazu beigetragen, dass eine stärkere soziale Verantwortung der Unternehmen gefordert wird.[2] Die Diskussion um verantwortungsvolles unternehmerisches Handeln wird in den USA unter dem Begriff Corporate Social Responsibility (CSR) geführt. Unter CSR wird dabei ein freiwilliges unternehmerisches Engagement gesehen, „das über die expliziten und impliziten Vorgaben der gesellschaftlichen Grundordnung hinausgeht".[3]

Auch bei den Unternehmen ist im Zuge dieser Diskussion eine wachsende Bereitschaft zu erkennen, soziale und ökologische Aspekte zu einem substanziellen Bestandteil ihrer Unternehmenspolitik zu machen und nach Ablauf eines Geschäftsjahres in Form einer regelmäßigen Berichterstattung zu dokumentieren. Die Bereitschaft zur Übernahme gesellschaftlicher Verantwortung ist vor allem bei börsennotierten Unternehmen auch auf die Forderung nationaler und internationaler Anspruchsgruppen, Konsumenten und engagierter privater und institutioneller Anleger nach einem umfassenderen Ausweis der Unternehmensbeiträge zur Verbesserung der sozialen und ökologischen Umwelt zurückzuführen.[4]

Bezeichnend für die Beziehung eines Unternehmens zu dessen Stakeholdern sind bestehende Informationsasymmetrien. Wichtige Unternehmenseigenschaften, wie z.B. das gesellschaftliche Engagement des Unternehmens, sind für die Stakeholder nicht direkt beobachtbar. Ist es für die Stakeholder nicht möglich, die für sie relevanten Unternehmenseigenschaften zu bewerten, besteht die Gefahr, dass sie nicht dazu bereit sind eine Geschäftsbeziehung mit dem Unternehmen einzugehen.[5] Aus Sicht des Unternehmens besteht somit die Notwendigkeit die Informationsasymmetrien zu überwinden. Eine Möglichkeit hierfür ist die von Michael Spence formulierte Signalingtheorie. Signalingtheoretische Ansätze sehen Entscheidungen und Handeln von Individuen auf einem Markt durch Unsicherheit und verminderter Markttranspa-

[2] Vgl. Habisch/Wildner/Wenzel (2008), S. 6-8
[3] Falck/Heblich (2006), S. 1. Die Begriffe Gesellschaftliche Verantwortung und CSR werden in dieser Arbeit synonym verwendet.
[4] Vgl. Schäfer/Lindenmayer (2005), S. 7.
[5] Vgl. Spreeman (1988), S. 613.

renz eingeschränkt, die häufig zu Fehlallokationen von Produktivitätsfaktoren führen. Spence beschreibt Märkte, in denen Marktteilnehmer nur über unvollständige, asymmetrisch verteilte Informationen verfügen. Signalingtheorie bezeichnet ein Instrument zur Entschärfung dieser Informationsungleichheiten durch die aktive Informationsweitergabe von der besser zu der schlechteren informierten Seite. **Durch die Aussendung von Signalen beabsichtigt der Anbieter, Informationsunsicherheiten beim Nachfrager abzubauen.**[6]

CSR Aktivitäten transportieren wichtige Informationen über das Wertgerüst des Unternehmens. Sie können ein Anhaltspunkt dafür sein, welche sozialen oder ökologischen Probleme aus Sicht des Unternehmens besonders wichtig sind und somit einer erhöhten Aufmerksamkeit bedürfen. Diese Informationen werden von Stakeholdern des Unternehmens genutzt um sich über dessen Werte und Ansichten einen Eindruck zu verschaffen. Auf Grundlage dieser Bewertung und weiterer Faktoren treffen die Individuen dann die Entscheidung, ob sie für das Unternehmen arbeiten, ihre Güter oder Dienstleistungen erwerben oder dem Unternehmen Kapital bereitstellen wollen. Insofern ist es für ein Unternehmen wichtig Informationen über das gesellschaftliche Engagement bewusst zu steuern und die Signalwirkungen der einzelnen Maßnahmen zu beachten.[7]

Trotz der Bedeutung der Übernahme gesellschaftlicher Verantwortung für die Reputation und den Erfolg des Unternehmens, müssen Unternehmensaktivitäten in erster Linie nach ihrer finanziell-ökonomischen Dimension bewertet werden. Grundlage für den Fortbestand des Unternehmens, und damit auch für das gesellschaftliche Engagement des Unternehmens, ist das ausreichend Finanzmittel aus dem operativen Geschäft erwirtschaftet werden. Unternehmensleistungen in soziale und ökologische Bereiche müssen daher auch einer wirtschaftlichen Rechtfertigung und Erfolgsrechnung Stand halten. Somit dürfen CSR Maßnahmen niemals isoliert, sondern müssen immer im Rahmen der jeweiligen Unternehmensstrategie beurteilt werden.[8]

---

[6] Vgl. Kass (1991), S. 357.
[7] Vgl. Jones/Murrell (2001), S. 60.
[8] Vgl. Schäfer/Lindenmayer (2005), S. 6.

1.2. Ziel und Aufbau der Arbeit

Vor dem Hintergrund der geschilderten Problemstellung besteht das Kernziel der vorliegenden Arbeit darin, die Signalwirkungen von CSR-Aktivitäten zu untersuchen. Es soll die Fähigkeit von CSR die Unsicherheit der Stakeholder gegenüber spezifischen Unternehmenseigenschaften abzubauen und sie zu dem Eingehen einer langfristigen Beziehung mit dem Unternehmen zu veranlassen, beurteilt werden.

Die vorliegende Arbeit gliedert sich nach der Einleitung in vier Abschnitte. Dieses erste Kapital dient der Einführung in die Thematik und der Konkretisierung der Problemstellung. In Abschnitt 2 wird das CSR Konzept als Untersuchungsgegenstand detaillieret dargestellt. Nach der Abgrenzung verwandter Konzepte wird der Begriff definiert und als integrativer Teil der Unternehmensstrategie gekennzeichnet. Abschnitt 3 präsentiert das Analyseinstrument dieser Arbeit, die Signalingtheorie. Nachdem die konzeptionellen Besonderheiten der Signalingtheorie dargestellt wurden, wird ihre Eignung als Analyseinstrument im Bereich CSR untersucht. Abschnitt 4 beinhaltet die signalingtheoretische Analyse der CSR-Aktivitäten. Die Analyse ist in drei Abschnitte gegliedert. In einem ersten Abschnitt werden die Signalwirkungen der Implementierung von CSR-Aktivitäten in die internen Unternehmensstrukturen untersucht. Darauf folgend werden die Signalwirkungen der CSR-Aktivitäten für potentielle neue Arbeitgeber untersucht. Der letzte Teil der Untersuchung beschäftigt sich mit der Bedeutung von CSR-Aktivitäten für den Finanzmarkt. In Abschnitt 5 werden abschließend die Ergebnisse noch einmal zusammengefasst und es wird ein Ausblick in die Zukunft gewagt.

2. Corporate Social Responsibility

2.1. Die gesellschaftliche Verantwortung von Unternehmen

2.2.1. Shareholder- oder Stakeholder-Orientierung

Die **Steuerung eines Unternehmens** vollzieht sich über die Durchführung zielgerichteter Unternehmensaktivitäten, die einem bestimmten Geschäftszweck dienen.[9] Bei der Festlegung des Geschäftszweckes unterscheidet man zwischen der Shareholder- und der Stakeholder-Orientierung.

Der **Shareholder-Ansatz** bzw. das Shareholder Value-Konzept wurde in den 1980er Jahren u.a. von Rappaport entwickelt. Als finanzielle Größe stellt der Shareholder-Value den Wert des Unternehmens aus Sicht der Anteilseigner dar.[10] Als Entscheidungskriterium verlangt die Orientierung am Shareholder Value die Ausrichtung der Unternehmenstätigkeiten an den Interessen der Anteilseigner.[11] Eine ökonomische Legitimation erlangt das Shareholder Value-Konzept durch die nachrangige Stellung der Unternehmenseigner. Ihre Ansprüche werden erst nach der Befriedigung der Ansprüche aller anderen Stakeholder bedient. Sie schultern somit das unternehmerische Risiko.[12] Die Befürworter der Shareholder-Orientierung argumentieren vorrangig mit folgenden Punkten:

- Das Ziel Shareholder Value-Maximierung bietet den Managern den optimalen Anreiz das Risiko in ihren Entscheidungen zu berücksichtigen
- Den Managern werden eindeutige Zielgrößen vorgegeben.
- Die Interessen der übrigen Stakeholder sind durch Verträge und Markt abgesichert.[13]

Im Rahmen der **Stakeholder-Orientierung** werden bei der Entwicklung der Unternehmensziele, die Interessen aller Stakeholder-Gruppen gleichrangig berücksichtigt. Freeman (1984) definiert Stakeholder als Gruppen oder Individuen, die die Zielerreichung des Unternehmens beeinflussen oder ihrerseits von der Zielerreichung des Unternehmens beeinflusst werden.[14] Die Abgrenzung ist aber wenig operational, da die Gruppe der Stakeholder beliebig groß wäre. Eine einschränkende Definition liefert Clarkson (1995). Stakeholder werden hier als

[9] Vgl. Sundaram/Inkpen (2004), S. 350.
[10] Vgl. Rappaport (1999), S. 39. Der Shareholder Value ist nicht gleichzusetzen mit dem Gesamtwert des Unternehmens. Der gesamte Unternehmenswert beinhaltet zusätzlich die Ansprüche der Fremdkapitalgeber.
[11] Vgl. Hostettler (2000), S. 23.
[12] Vgl. Schäfer (2004), S. 42.
[13] Vgl. Sundaram/Inkpen (2004), S. 353.
[14] Vgl. Freeman (1984), S. 46.

Gruppe definiert, die vom Handeln der Unternehmen positiv oder negativ beeinflusst wird, unabhängig davon ob sie durch explizite oder implizite Verträge an das Unternehmen gebunden sind.[15] Interne Stakeholder eines Unternehmens bilden bspw. die Anteilseigner, Mitarbeiter und Manager, während als externe Anspruchsgruppen Investoren, Kunden, Lieferanten, Politik und Öffentlichkeit gelten.

Eine Stakeholder-Orientierung kann entweder normativ-ethisch oder strategisch motiviert sein. Auf einer **normativ-ethischen Ebene** wird der Frage nachgegangen, welche moralische Verpflichtung das Unternehmen gegenüber den Stakeholdern hat. Die Berücksichtigung der Anliegen aller Stakeholder wird bei dieser Ausrichtung als eigenständiger Wert betrachtet. Bei einer **strategischen Ausrichtung** wird von der Annahme Abstand genommen, dass die Interessen aller Stakeholder gleichrangig sind. An ihre Stelle tritt die Überzeugung, dass die Beziehungen zwischen den Stakeholdern durch Interessenkonflikte geprägt sind. Im Mittelpunkt steht hier, durch Vertiefung der Beziehungen, einen Beitrag zur langfristigen Überlebensfähigkeit des Unternehmens zu leisten.[16] Im Folgenden wird von einer strategischen Orientierung ausgegangen.

2.2.2. Ursachen für die Übernahme gesellschaftlicher Verantwortung

Vertreter einer Shareholder-Orientierung wie z.B. Milton Friedman („(…) there is only one social responsibility of business – to use its resources and engage in activities designed to increase its profits (…).“[17]) vertreten diese Auffassung aufgrund der Überzeugung, dass durch die Gestaltungsmacht der Nationalstaaten Rahmenbedingungen durchgesetzt werden, die den Schutz anderer Stakeholder sicherstellen.[18]

Grundlegende Veränderungen der gesellschaftlichen und wirtschaftlichen Rahmenbedingungen haben dazu geführt, dass sich die Position des Unternehmenssektors innerhalb der Gesellschaft verändert hat.[19] Als Ursache für die Veränderung der Rahmenbedingungen wird in erster Linie die fortschreitende **Globalisierung** genannt. Auf dem weitgehend liberalisierten Weltmarkt fehlt es momentan an Instanzen, die wie Regierungs- und Verwaltungsorgane auf nationaler Ebene, Rahmenbedingungen für die grenzüberschreitend tätige Wirtschaft for-

[15] Vgl. Clarkson (1995), S. 105-106.
[16] Vgl. Theuvsen (2001), S. 1.
[17] Friedman (1970).
[18] Vgl. Schneider (2004), S. 29.
[19] Vgl. OECD (1998), S. 13.

mulieren und durchzusetzen können, um das Verhalten der Unternehmen in sozial und ökologisch verträgliche Bahnen zu lenken. Zudem befinden sich die Nationalstaaten untereinander in einem Wettstreit um Betriebsansiedelungen. Mit dem Ziel ein vorteilhaftes Investitionsumfeld zu schaffen, verzichten sie auf Möglichkeiten, durch rechtliche und politische Maßnahmen die Lebensbedingungen in ihrem Geltungsbereich zu gestalten.[20] **Durch die Abnahme der Steuerungsmöglichkeiten des politischen Systems entsteht ein Vakuum**.

Dieses Vakuum soll vor allem durch die Übernahme ordnungspolitischer Verantwortung durch international tätige Unternehmen gefüllt werden.[21] Initiativen wie der Global Compact der UN sollen Unternehmen zur Übernahme gesellschaftlicher Verantwortung bewegen. Ziel des Global Compact ist die Selbstregulierung privater Akteure auf internationaler Ebene. Die Unternehmen sollen sich zu neun Grundsätzen in den Bereichen Arbeitsbeziehungen, Menschenrechte und Umweltschutz bekennen und so einen Beitrag zur Umsetzung bestimmter Standards und zur Schaffung allgemein gültiger Normen leisten.[22] Die Versuche supranationaler Institutionen (wie bspw. UNO, WTO, etc.) Unternehmen zur Übernahme gesellschaftlicher Verantwortung zu bewegen werden jedoch durch bestehende nationale Interessenunterschiede behindert.[23]

Neben supranationalen Institutionen haben vor allem nationale und internationale Interessengemeinschaften (sogenannte Non Governmental Organizations (NGO)) die Fähigkeit, Unternehmen zur Übernahme gesellschaftlicher und ordnungspolitischer Verantwortung zu bewegen. NGOs setzen sich mit der Rolle der Unternehmen in vielen gesellschaftlichen Situationen kritisch auseinander und vertreten in diesen Situationen die Interessen der Stakeholder.[24] Sie haben durch bessere Informationstechnologien die Möglichkeit, ihre Erwartungshaltung an die Unternehmen öffentlichkeitswirksam einzufordern. Ziel ist es, die Unternehmensaktivitäten für externe Beobachter transparenter zu gestalten. Fehlverhalten der Unternehmen (z.B. Kinderarbeit, Korruption, Finanzskandale,...) werden mit hoher Wahrscheinlichkeit aufgedeckt, an die Öffentlichkeit kommuniziert und von dieser durch Sanktionen (z.B. Boykott) bestraft. **Entsprechende Managementstrategien, die zu einer gezielten Übernahme gesellschaftlicher Verantwortung führen, können die Gefahr solcher Sanktionen eingrenzen.**[25]

---

[20] Vgl. Schneider (2004), S. 26.
[21] Vgl. Homann (2005), S. 8.
[22] Vgl. Schirm (2004), S. 284-285.
[23] Vgl. Hansen/Schrader (2005), S. 377.
[24] Vgl. Seifer (2009), S. 27-28.
[25] Vgl. Habisch/Wildner/Wenzel (2008), S. 6-7.

2.2. Begriffsverständnis von Corporate Social Responsibility

2.2.1. Begriffsabgrenzung

In der Literatur existiert eine Vielzahl von Konzepten, die sich mit der gesellschaftlichen Verantwortung von Unternehmen beschäftigen. In der Diskussion um CSR werden vor allem die Konzepte Corporate Citizenship und Sustainable Management häufig genannt. Diese werden im Folgenden zunächst erläutert, bevor der Begriff CSR genauer definiert wird.

Der Begriff **Nachhaltige Entwicklung** (Sustainable Management) wurde maßgeblich von der Brundtland-Kommission (1987) geprägt.[26] Eine Entwicklung wird hier als nachhaltig angesehen, wenn sie die Bedürfnisse der heute lebenden Menschen befriedigt, ohne dabei die Bedürfnisbefriedigungsmöglichkeiten zukünftiger Generationen einzuschränken. Voraussetzung hierfür ist, dass die Dimensionen der Nachhaltigkeit, der ökonomische Erfolg, die soziale Gerechtigkeit und die ökologische Verträglichkeit, in Einklang gebracht werden.[27]

Mit **Corporate Citizenship** (CC) verbindet man das gesellschaftliche bzw. bürgerschaftliche Engagement von Unternehmen.[28] „Als unternehmerisches Bürgerengagement bezeichnet man Aktivitäten, mit deren Hilfe Unternehmen selbst in ihr gesellschaftliches Umfeld investieren und ordnungspolitische Mitverantwortung übernehmen. Sie helfen mit, Strukturen bereichsübergreifender Zusammenarbeit und soziales Kapital aufzubauen, um zusammen mit Partnern aus anderen gesellschaftlichen Bereichen (...) konkrete Probleme ihres Gemeinwesens zu lösen."[29] Als Ausprägungen von Corporate Citizenship werden u.a. Corporate Giving (Spenden- und Sponsoringaktivitäten von Unternehmen), Corporate Volunteering (bürgerschaftliches Engagement von Mitarbeitern eines Unternehmens, das von diesem gefördert wird) oder auch Cause Related Marketing (Verbindung von gesellschaftliches Engagement und Marketing) genannt.[30]

2.2.2. Begriffsdefinition

In der Literatur existiert keine einheitliche **Definition des Begriffs CSR**. Eine Minimalanforderung an eine entsprechende Definition ist aber, dass es sich bei gesellschaftlicher Verantwortung um freiwillige Maßnahmen und Ziele der Unternehmen handelt, die über die reine

[26] Vgl. Meffert/ Münstermann (2005), S. 16.
[27] Vgl. Hansen/ Schrader (2005), S. 375.
[28] Vgl. Kaiser/ Schuster (2004), S. 669.
[29] Habisch (2003), S. 58.
[30] Vgl. Meffert/ Münstermann (2005), S. 17-19.

Erbringung wirtschaftlicher Leistungen hinausgeht. Damit werden insbesondere die sozialen und ökologischen Dimensionen des betrieblichen Handelns angesprochen.[31] Voraussetzung für ein gesellschaftlich verantwortliches Verhalten von Unternehmen ist, dass ihnen bei ihren Handlungen ein gewisser Handlungsspielraum gewährt wird. Wären ihre Handlungen vollständig durch wirtschaftliche oder rechtliche Rahmenbedingungen determiniert, würde eine Diskussion über CSR überflüssig.[32]

In der Realität bilden sich z.B. durch unvollständige rechtliche Regelungen oder intransparente Bedingungen auf den unterschiedlichen Märkten zum Teil erhebliche Handlungsspielräume für die Unternehmen. Ein Bekenntnis zu CSR bedeutet hier, zum einen das Anerkennen gewisser Handlungsspielräume, und zum anderen die Bereitschaft diese Handlungsspielräume auch zum Wohle der Stakeholder des Unternehmens zu nutzen.[33] Entsprechend dieser Einschätzung definiert die EU-Kommission 2001 in ihrem Grünbuch CSR „(…) als ein Konzept, das den Unternehmen als Grundlage dient, auf freiwilliger Basis soziale Belange und Umweltbelange in ihre Unternehmenstätigkeit und in die Wechselbeziehungen mit den Stakeholdern zu integrieren.“[34] Die Kommission verdeutlicht weiterhin, dass CSR in der Unternehmensführung zu verankern ist. Entsprechende Grundwerte und Unternehmensziele sind bei der Strategiefindung, bei Investitionsentscheidungen und bei den täglichen Aktivitäten zu berücksichtigen.[35] Vor dem Hintergrund dieser Begriffsbestimmung ergibt sich nach Meffert/ Münstermann folgender **definitorischer Rahmen für CSR**: CSR „bezeichnet ein integrierendes Unternehmenskonzept, das ausgehend vom Wertgerüst und den Zielen des Unternehmens dessen Rolle in der Gesellschaft und der damit einhergehenden Verantwortung konkretisiert. Es umfasst die Gesamtheit aller sozialen, ökologischen und ökonomischen Beiträge eines Unternehmens zur freiwilligen Übernahme gesellschaftlicher Verantwortung, die über die Einhaltung gesetzlicher Bestimmungen hinausgehen. Die Integration dieses Engagements in inhaltlicher, zeitlicher und kommunikativer Hinsicht und die strukturell-prozessuale Implementierung in die Unternehmenstätigkeit, sowie die Sicherstellung langfristiger Wechselbeziehungen mit den relevanten Anspruchsgruppen (Stakeholdern), sind zentrale Bestandteile des CSR-Konzepts.“[36]

---

[31] Vgl.u.a. Dylick (1989), S. 91; Runhaar/Lafferty (2009), S. 479.
[32] Vgl. Küpper/ Picot (1999), S. 132.
[33] Vgl. Hansen/Schrader (2005), S. 375.
[34] EU-Kommission (2001), S. 7.
[35] Vgl. Loew et. al (2004), S. 5.
[36] Meffert/ Münstermann (2005), S. 22.

2.2.3. Die Verantwortungsdimensionen von CSR

CSR steht in einem engen Zusammenhang zu den Begriffen „Nachhaltigkeit“ und „Stakeholder“. Der Begriff Nachhaltigkeit beschreibt das Fortbestehen eines Systems unter Berücksichtigung der Bereiche Ökonomie, Soziales/Gesellschaft und Ökologie. Gesellschaftliche Verantwortung trägt zu einer nachhaltigen Entwicklung des Unternehmens, und damit des gesamtwirtschaftlichen Systems, bei.[37] Diese drei Verantwortungsbereiche lassen sich über die Forderungen verschiedener Stakeholder an das Unternehmen bestimmen. Der Kreis der relevanten Stakeholder schließt Mitarbeiter, Kunden, Lieferanten, Investoren, NGOs, sowie das lokale Umfeld am Unternehmensstandort ein.

Die klassische **ökonomische Verantwortung** eines Unternehmens besteht in der Produktion von Waren oder Dienstleistungen, die von der Bevölkerung nachgefragt werden (Erwartung der Kunden) und den Verkauf dieser Produkte zu einem Gewinn (Erwartung der Eigentümer), um so die langfristige Existenz des Unternehmens zu garantieren (Erwartung der Mitarbeiter). Die **ökologische Verantwortung** betrifft in erster Linie den Produktionsprozess. Von den Unternehmen wird erwartet, dass die Produktion umweltschonend, und somit nachhaltig vollzogen wird. Kennzeichnend für das CSR-Konzept ist aber, dass nicht nur eine Einhaltung der gesetzlichen Bestimmungen verlangt wird, sondern, dass die Unternehmen darüber hinaus versuchen, ihren Produktionsprozess noch umweltverträglicher zu gestalten (Erwartung der Umweltschutzorganisationen). Der **soziale/gesellschaftliche Verantwortungsbereich** ist schwieriger einzugrenzen. Generell geht es um Erwartungen der einzelnen Stakeholder-Gruppen bezüglich eines gerechten Miteinanders in einer gemeinsamen Gesellschaft. Diese Erwartungen sind oftmals nicht eindeutig formulierbar und sind zum Teil abhängig von Länder- oder Industriespezifischen Faktoren.[38]

Die Verantwortung in diesen drei Bereichen spiegelt sich in der **CSR-Strategie** wieder. Die CSR-Strategie setzt sich aus internen und externen Maßnahmen zusammen. Die Schaffung einer „Good Governance“, also einer Corporate Governance-Struktur die nach Aspekten der Nachhaltigkeit gestaltet ist, die Einrichtung, Durchsetzung und Kommunikation eines Werte- und Normensystems, sowie die Implementierung externer sozialer und ökologischer Standards (z.B. SA 8000 oder die ISO 1400er Serie) lassen sich unter die **internen Maßnahmen**

[37] Vgl. Schwalbach/Schwerk (2006), S. 9.

[38] Vgl. Schwalbach/Schwerk (2006), S. 9-10. Carroll untereilte die gesellschaftliche Verantwortung von Unternehmen in eine wirtschaftliche, rechtliche, ethische und philanthropische Ebene, Vgl. Carroll (1979), S. 499-500.

summieren. Die **externen Maßnahmen** betreffen die direkte Interaktion des Unternehmens mit der Gesellschaft. Abbildung 2 nennt beispielhaft einige Maßnahmen.

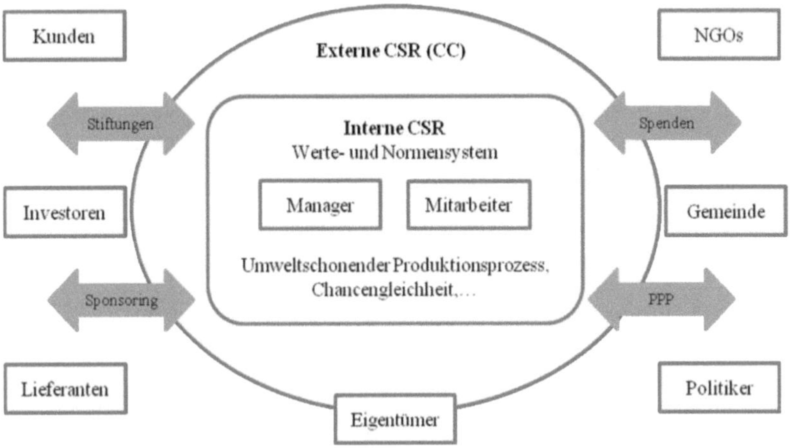

Abbildung 1: Interne und externe CSR-Maßnahmen[39]

Die Systematisierung gemäß Abbildung 2 verdeutlicht auch die Beziehung, die zwischen den Konzepten CSR und CC besteht. Unter CC wird hier das über die eigentliche Geschäftstätigkeit hinausgehende Engagement des Unternehmens zur Lösung sozialer Probleme angesehen, die sich typischerweise auf das lokale Umfeld beziehen. CSR wird als das übergreifende und umfassendere Konzept aufgefasst. Es setzt sich mit der grundsätzlichen Verantwortung von Unternehmen auseinander und betrachtet alle Beiträge des Unternehmens zur Nachhaltigkeit, unabhängig davon, ob sie Teil der gewöhnlichen Geschäftstätigkeit sind oder über die eigentliche Geschäftstätigkeit hinausgehen.[40]

2.3. Strategische Ausrichtung von CSR

2.3.1. Grundlagen und Entwicklung einer CSR Strategie

Eine **strategische Ausrichtung des CSR Engagements** beinhaltet, dass die internen und externen Maßnahmen einen Beitrag zur Erreichung der übergeordneten Unternehmensziele leisten. Unternehmensziele dienen als Grundlage für das unternehmerische Handeln.[41] Eine Vielzahl von Unternehmen scheitert aber bei der Aufgabe, ihr CSR-Engagement in die Unterneh-

[39] Vgl. Schwalbach/Schwerk (2006), S. 9: Die Abkürzung PPP steht für Public-Private-Partnerships.
[40] Vg. Loew et. al (2004), S. 10.
[41] Vgl. Dillerup/Stoi (2008), S. 70.

mensstrategie zu integrieren. Oftmals werden Projekte und Initiativen ohne Bezug zu den Zielen des Unternehmens durchgeführt. CSR sollte aber von den Unternehmen als Bestandteil der Unternehmenspolitik verstanden werden, um so durch die koordinierte Übernahme gesellschaftlicher Verantwortung einen Beitrag zur Erreichung der Unternehmensziele zu leisten. Basis einer erfolgreichen Einbindung von CSR in die Unternehmensstrategie sind die Identitätsfindung und das Wertemanagement im Unternehmen. Die Definition der Rolle, die ein Unternehmen in der Gesellschaft einnehmen, und wie es von anderen wahrgenommen werden will, ist eine Grundvoraussetzung hierfür.[42] Neben industriespezifischen Merkmalen sollte die CSR Strategie vor allem die grundlegenden Unternehmensleitbilder- und Werte reflektieren.[43] Phil Watts, Managing Director der Royal Dutch Shell Group bemerkte hierzu: „(…) companies need to be clear for what they stand and they should speak openly and directly about their social values and conduct. (…) determine a position and state your thinking. If you decide, as a corporation, that human rights and social investments are a priority in your operations, make a statement.“[44]

Kirchhoff gliedert den Prozess der Entwicklung und Implementierung einer CSR-Strategie in mehrere Schritte:[45]

1. Durch eine **Soll/Ist-Analyse** werden systematisch Potentiale und mögliche Risiken evaluiert, sowie eine Untersuchung der für die CSR-Maßnahmen relevanten Unternehmensbereiche vorgenommen.
2. Darauf folgen der **Aufbau einer CSR-Organisation**, die **Formulierung einer Vision** und die **Entwicklung strategischer CSR-Grundsätze-/Ziele**.
3. Entscheidend für den Erfolg einer CSR-Strategie ist die **Entwicklung eines Kommunikationskonzeptes**, dass die Ergebnisse der konkret durchgeführten Maßnahmen und Projekte an die Stakeholder kommuniziert.
4. Nach der grundlegenden Analyse wird ein **Ziel- und Maßnahmenkatalog** entwickelt, der für jedes einzelne Projekt die Ansprache einzelner Stakeholder-Gruppen und ein strukturiertes Vorgehen und Abgleichen der Ergebnisse ermöglicht.

Die konkrete Ausgestaltung der CSR-Strategie hängt davon ab, aus welchem Industriezweig das jeweilige Unternehmen stammt, welche Produkte hergestellt werden, welche Prozesse

[42] Vgl. Kirchhoff (2006), S. 23-24.
[43] Vgl. Smith (2003), S. 67.
[44] WBCSD (2000), S. 7.
[45] Vgl. Kirchhoff (2006), S. 24-25.

oder Technologien in der Produktion eingesetzt werden und in welchem wirtschaftlichen, sozialen und ökologischen Umfeld das Unternehmen agiert. CSR ist somit kein unternehmensübergreifendes Konzept, sondern muss für jedes Unternehmen individuell gestaltet werden.[46]

Insbesondere Unternehmen, die aus Sicht der Öffentlichkeit, durch ein unzureichendes CSR-Engagement einen Wettbewerbsnachteil erleiden mussten, verfolgen einen Ansatz der CSR als elementaren Teil der Unternehmensstrategie versteht. So heißt es z.B. in Nike's Corporate Responsibility Report von 2006: „Corporate Responsibility must evolve from being seen as an unwanted cost to being recognized as an intrinsic part of a healthy business model, an investment that creates competitive advantage and helps a company achieve profitable, sustainable growth."[47]

2.3.2. CSR in der Unternehmenskommunikation

Ein entscheidender Aspekt der CSR-Strategie ist die Integration von CSR in die Unternehmenskommunikation. Seit Beginn des 21. Jahrhunderts hat die Öffentlichkeit eine gestiegene Aufmerksamkeit gegenüber ethischen Werten und weichen Faktoren der Unternehmensführung entwickelt. Zudem stellen auch die Kapitalmärkte neue Anforderungen an die Berichterstattung der Unternehmen. Die entscheidenden Kriterien bei der Integration von CSR in der Unternehmenskommunikation sind **Glaubwürdigkeit und Transparenz**.[48]

Während Unternehmen in der Vergangenheit vor allem Systeme der Umweltberichterstattung umgesetzt haben, werden heutzutage vermehrt integrierte Konzepte der Berichterstattung verfolgt, die ökologische, soziale sowie ökonomische Aspekte berücksichtigen. Diese auch als „Triple Bottom Line-Reporting" bezeichneten Konzepte haben das Ziel, die Gesamtleistung eines Unternehmens hinsichtlich der Wahrnehmung seiner nachhaltigen Verantwortung zu beurteilen. Sie zeichnen sich somit, im Gegensatz zu den Systemen der externen handelsrechtlichen Berichterstattung, durch eine Multi-Stakeholder-Orientierung aus.[49]

Einen wichtigen Beitrag zu der Entwicklung von Richtlinien für die Nachhaltigkeitsberichterstattung leisten NGOs. Als Beispiel kann hier die Global Reporting Initiative (GRI) herangezogen werden. GRI verfolgt als Ziel der internationalen Standardisierung der CSR-Bericht-

[46] Vgl. Kirchhoff (2006), S. 24-25.
[47] NIKE (2006), S. 7.
[48] Vgl. Kirchhoff (2006), S. 27.
[49] Vgl. Meffert/Münstermann (2005), S. 25.

erstattung und hat dafür einen Leitfaden für deren strukturelle und inhaltliche Ausgestaltung entwickelt. Hiernach umfasst Nachhaltigkeitsberichtserstattung „die Ermittlung, die Veröffentlichung und die Rechenschaftslegung der unternehmerischen Leistungen ggü. internen und externen Stakeholdern im Hinblick auf die Ziele einer nachhaltigen Entwicklung.“[50] Nachhaltigkeitsberichte können in der Öffentlichkeit leicht den Verdacht erwecken, dass nur die positiven Inhalte des Unternehmens kommuniziert werden. Der Glaubwürdigkeit kommt bei der Gestaltung der Berichte eine zentrale Bedeutung zu. Idealerweise bezieht sich ein Nachhaltigkeitsbericht auf sämtliche nachhaltigkeitsrelevanten Aktivitäten des Unternehmens.[51] In dem GRI-Leitfaden heißt es hierzu: „Ein Nachhaltigkeitsbericht soll einer ausgewogenen und angemessenen Darstellung der Nachhaltigkeitsleistung der berichtenden Organisation liefern und sowohl positive als auch negative Aspekte beinhalten.“[52]

2.4. Ökonomische Erfolgswirkungen von CSR-Maßnahmen

2.4.1. CSR als Business Case

Die Übernahme gesellschaftlicher Verantwortung durch Unternehmen kann unterschiedlich motiviert sein. Auf einer **normativen Ebene** erwächst die Motivation aus der Selbstverpflichtung des Unternehmens ein „guter Bürger“ zu sein. Die Durchführung von CSR-Aktivitäten erfolgt hier also aus einer moralischen Verpflichtung des Unternehmens gegenüber der Gesellschaft („because it is the right thing to do“).[53]

CSR kann aber auch durch unternehmensstrategische Überlegungen motiviert sein. Vor allem in börsennotierten Unternehmen ist eine Motivation zur Durchführung von CSR-Aktivitäten nur gegeben, wenn den dadurch zusätzlich entstehenden Kosten auch ein messbarer ökonomischer Erfolg gegenübersteht. Für die Unternehmensleitung besteht dann ein Anreiz zur Übernahme gesellschaftlicher Verantwortung, wenn aufgrund ihrer mittel-bis langfristigen Wirkungen im strategischen Bereich ein Zuwachs im (zukünftigen) Unternehmenserfolg erzielbar ist. CSR-Maßnahmen werden im Rahmen des **Business Case** als wesentlicher Bestandteil des Wertschöpfungsprozesses verstanden. Es wird davon ausgegangen, dass die gezielte Übernahme gesellschaftlicher Verantwortung dir Kernkompetenzen des Unternehmens stärkt und dessen Fähigkeit erhöht, auf Veränderungen der Umweltbedingungen dyna-

[50] GRI (2006), S. 3.
[51] Vgl. Meffert/Münstermann (2006), S. 26.
[52] GRI (2006), S. 3.
[53] Vgl. Smith (2003), S. 58.

misch zu reagieren.[54] Die freiwillige Durchführung von CSR-Maßnahmen soll zum **Aufbau und Erhalt von immateriellen Vermögenswerten** beitragen und somit einen Wettbewerbsvorteil für das Unternehmen generieren.[55] Im Zentrum steht hier der **Aufbau einer positiven Reputation gegenüber den relevanten Stakeholdern** des Unternehmens.[56]

Dem Reputationsaufbau werden eine Reihe von positiven Effekten zugeschrieben. Kunden vertrauen bei ihren Kaufentscheidungen auf die Reputation der Unternehmen. Sie fördert das Vertrauen der Kunden und steigert ihre Loyalität gegenüber dem Unternehmen. Die Reputation hat aber auch einen positiven Einfluss auf die Motivation der Mitarbeiter und erleichtert die Gewinnung neuer qualifizierter Mitarbeiter. Neben Kunden und Mitarbeitern beeinflusst sie aber auch Investoren bei ihren Investitionsentscheidungen. Eine positive Reputation erhöht somit auch die Fähigkeit des Unternehmens neue Finanzmittel zu beschaffen. Des Weiteren fördert die Reputation die Beziehung zu den NGOs und verbessert so die Kooperationsfähigkeit der Unternehmen. Reputation kann so einen Beitrag zur Risikoreduzierung beisteuern, da negative Reaktionen der Stakeholder und insbesondere der NGOs vermieden werden können.[57]

Als **ökonomische Folgewirkungen des Reputationsaufbaus** wird in erster Linie der Einfluss auf den Firmenwert bzw. auf die Aktienkursentwicklung angesehen.[58] Als Begründung für diesen Zusammenhang wird ein vermutetes geringeres Kursrisiko, die Wachstumschancen verantwortlich handelnder Unternehmen und die Attraktivität dieser Anlagetitel für gesellschaftlich verantwortlich orientierte Investoren genannt.[59] Als weitere ökonomische Folgewirkung wird vor allem das Kostensenkungspotenzial eines effizienten Umweltmanagementsystems angesehen. Durch einen effizienten Einsatz von Ressourcen und Energie können die Kosten erheblich gesenkt werden, was auch einen positiven Effekt auf die ökonomische Effizienz bzw. den Return on Investment (ROI) hat (Vgl. Abbildung 3).[60]

---

[54] Vgl. Hart/Sharma (2004), S. 8.
[55] Vgl. Schäfer/Lindenmayer (2005), S. 23-24; Berman et.al (1999), S. 492.
[56] Eine Definition des Begriffs Reputation erfolgt in Abschnitt 3.2.
[57] Vgl. Hansen (2004), S. 70-71; Roberts/Dowling (2002), S. 1079.
[58] Vgl. u.a. Hansmann et. al (2003), S. 38.
[59] Vgl. von Rosen (2009), S. 86-87.
[60] Vgl. Porter/van der Linde (1995), S. 120.

2.4.2. Empirische Überprüfung der Erfolgswirkung von CSR-Maßnahmen

In den letzten dreißig Jahren haben empirische Untersuchungen versucht, stabile Wirkungszusammenhänge zwischen CSR und dem finanziellen Unternehmenserfolg zu finden. Bisher existiert aber noch keine einheitliche Meinung darüber, welche Beziehung zwischen diesen beiden Variablen besteht. Während einige Studien eine negative Korrelation nachgewiesen haben, sehen andere einen positiven Zusammenhang zwischen CSR und dem finanziellen Erfolg eines Unternehmens. Unterschiedliche Ergebnisse lassen sich unter anderem auf die abweichenden Bestimmung und (Risiko-) Anpassung der Messgröße für den finanziellen Erfolg des Unternehmens zurückführen. Weitere wichtige Faktoren sind der Probenumfang, die Bestimmung der Kontrollgruppe und die Wahl der Analysemethode.[61]

Die meisten empirischen Studien beruhen auf Datenvergleichen und Befragungen von Managern und Experten. Bei dem Datenvergleich wird die CSR-Performance in Beziehung zu ökonomischen Erfolgsgrößen, wie Aktienkurs, Umsatz oder ROI gesetzt (Vgl. Tabelle 1).[62] Die Mehrheit der Studien unterstützt die These, dass gesellschaftlich verantwortliches Verhalten auch in einer Steigerung des ökonomischen Erfolgs des Unternehmens resultiert. Vor allem Stakeholder-orientierte Forschungsansätze erkennen einen positiven Zusammenhang zwischen ökonomischen Erfolg und einer Unternehmensführung, die sich auch an ökologischen und sozialen Zielen orientiert.[63]

Wirkungskategorien	Erhebungsmethodik	Autoren z.B.
Aktienkurs- und Renditesteigerung bzw. stabilisierung	Datenvergleich: CSR- und Kapitalmarktperformance	Aigner/Hopkins/Johansson (2003)
		Dowell/Hart/Yeung (2000)
		Konar/Cohen (2001)
		Ziegler/Rennings/Schrŝder (2002)
Umsatzsteigerung und/oder -Stabilisierung	Unternehmensbefragung und/oder Datenvergleich	Schaltegger/Synnestvedt (2002)
		Freimann/Walther (2002)
Verbesserung des ROI	Datenvergleich: CSR-Performance und ROI-Entwicklung	Hart/Ahuja (1996)
		Russo/Fouts (1997)

Tabelle 1: Empirische Studien zu den ökonomischen Erfolgswirkungen von CSR[64]

[61] Vgl. Cochran/Wood (1984), S. 43-48.
[62] Vgl. Hansen (2004), S. 71.
[63] Vgl. Orlitzky/Schmidt/Rynes (2003), S. 405.
[64] Vgl. Hansen (2004), S. 71.

3. Signalingtheorie

3.1. Märkte mit asymmetrischer Informationsverteilung

3.1.1.Einführung

In einer Marktwirtschaft dient der Marktmechanismus zur Koordination der individuellen Handlungen und Entscheidungen vieler einzelner Wirtschaftsubjekte.[65] Die Koordination erfolgt über den Marktpreis. Anbieter und Nachfrager reagieren auf eine Veränderung des Preises unterschiedlich und werden so zum Ausgleich gebracht. Befindet sich der Markt im Gleichgewicht, kommt es zu einer optimalen Allokation von Gütern und Produktionsfaktoren zu den Wirtschaftssubjekten.[66]

Der vollkommene Markt der neoklassischen Theorie beruht u.a. auf der Annahme, dass alle Wirtschaftssubjekte zu jeder Zeit über alle entscheidungsrelevanten Informationen (über die Handlungsalternativen und Handlungsfolgen) verfügen und diese kostenlos durch den Preismechanismus bereitgestellt werden.[67] Die Existenz zentraler Koordinationsinstanzen ist in diesem Modellrahmen nicht notwendig.[68]

In der Realität sind diese Annahmen jedoch meistens nicht erfüllt und der Markt ist somit unvollkommen. Schon 1961 argumentierte Stigler, dass die Beschaffung und Verarbeitung von Informationen Kosten bewirkt (Transaktionskosten).[69] Da die Informationssuche für Käufer und Verkäufer Kosten verursacht, liegen in der Regel unvollständige Informationen vor. Zudem sind Informationen zwischen den Marktteilnehmern meist ungleich verteilt. In diesen Situationen spricht man von asymmetrischer Informationsverteilung.[70] An Märkten mit unvollständigen bzw. ungleich verteilten Informationen besteht die Gefahr, dass Marktakteure ihren Informationsvorsprung ausnutzen, um auf Kosten des Marktpartners den eigenen Nutzen zu steigern (opportunistisches Verhalten).[71]

Marktsituationen mit unvollständigen bzw. asymmetrisch verteilten Informationen werden im Rahmen der **Neuen Institutionenökonomik** betrachtet. Ziel der Institutionenökonomik ist es

[65] Vgl. Heertje/ Wenzel (2008), S. 9.
[66] Vgl. Brunner/ Kehrle (2007), S. 65.
[67] Vgl. z.B. Audretsch/Weigand (2001), S. 87-88; Kaas (1991), S. 358; Brunner/Kehrle (2007); S. 397.
[68] Vgl. Erlei/ Leschke/ Sauerland (1999), S. 45.
[69] Vgl. Stigler (1961), S. 216.
[70] Vgl. Brunner/ Kehrle (2007), S. 398.
[71] Vgl. Kaas (1991), S. 1991.

Einrichtungen, Regeln oder Normen zu finden, die geeignet sind, Transaktionskosten zu minimieren. Diese werden Institutionen genannt. Baßeler/Heinrich/Utecht definieren Institutionen als, „(…) Systeme von wechselseitig respektierten Regeln (…), die bei den Individuen wechselseitig verlässliche Verhaltensweisen bewirken. (…) Die ökonomische Funktion der Institutionen besteht darin, Handlungsspielräume der Individuen einzugrenzen, zu stabilisieren und stabile Verhaltenserwartungen herauszubilden.“[72] Eine Teildisziplin der Institutionenökonomik stellt die **Principal-Agent-Theorie** dar. Diese Theorie befasst sich mit Situationen **asymmetrischer Informationsverteilung** und der institutionellen Ausgestaltung der Auftragsbeziehung zwischen einem Principal (Auftraggeber) und einem Agent (Auftragnehmer).[73] Der Principal überträgt dem Agent einen Auftrag und räumt ihm zu dessen Erfüllung Handlungsspielräume ein. Beide Akteure verfolgen ihren individuellen Nutzen. Es kommt zu Zielkonflikten, wenn das Eigeninteresse des Agent nicht demjenigen des Principal entspricht. Ziel der Principal-Agent Theorie ist es, die aufgrund der Informationsasymmetrien entstehenden Verhaltensunsicherheiten zu analysieren und Methoden zur Überwindung der Zielkonflikte zu entwickeln.[74] Die unterschiedlichen Problemtypen lassen sich nach Art und Entstehungszeitpunkt der Informationsasymmetrie zwischen Prinzipal und Agent klassifizieren.[75] Man unterscheidet zwischen den Problemtypen Moral Hazard, Adverse Selection und Hold Up.[76] Im Falle von **adverse selection** ist der Principal vor Vertragsabschluss über eine oder mehrere für die Auftragsbeziehung wichtige Eigenschaften des Agents nicht vollständig informiert. In diesen Situationen spricht man von „hidden characteristics“.[77]

Das Informationsproblem der adverse selection (Negativauslese) wurde erstmals von George Akerlof in seinem 1970 erschienen Aufsatz: „The Market of „Lemons“, Quality Uncertainty in the Market Mechanism“ verdeutlicht. Am Beispiel des Gebrauchtwagenmarktes stellt Akerlof die Folgen asymmetrischer Informationsverteilung bezüglich der am Markt angebotenen Qualität dar. In Märkten, in denen die Käufer die angebotene Qualität nicht direkt beobachten können, werden alle Güter zu dem Preis einer durchschnittlich erwarteten Qualität gehandelt. Daraufhin verlassen die Anbieter einer überdurchschnittlichen Qualität den Markt, und nur Anbieter einer unterdurchschnittlichen Qualität verbleiben am Markt.[78]

[72] Baßeler/ Heinrich/ Utecht (2006), S. 29.
[73] Vgl. Roiger (2007) S. 1.
[74] Vgl. Brunner/ Kehrle (2008) S. 400-401.
[75] Vgl. z.B. Roiger (2007), S. 12.
[76] Vgl. z.B. Küpper (2005), S. 68. Moral Hazard, Hold Up werden im Rahmen der Arbeit nicht weiter betrachtet.
[77] Vgl. u.a. Roiger (2007), S. 14; Küpper (2005), S. 68.
[78] Vgl. Akerlof (1970), S. 488.

Für die Wissenschaft erwächst somit die Notwendigkeit, nach theoretischen Ansätzen zur Reduktion der Informationsasymmetrie (Institutionen) zu suchen. Michael Spence stellt in seiner Arbeit „Job Market Signaling“ von 1973 eine Möglichkeit zur Überwindung der Informationsasymmetrie vor. Hier sendet die besser informierte Seite ein glaubhaftes Signal über die wahre Qualität der Leistung an die schlechter informierte Seite, mit dem Ziel, ein Marktversagen zu verhindern. **Hierbei spricht man von Signaling.**[79]

3.1.2. Das Modell von George Akerlof

Auf Akerlofs „Market of Lemons"[80] werden Gebrauchtwagen in zwei unterschiedlichen Qualitätsklassen gehandelt. Es gibt eine hohe und eine niedrige Qualität, wobei dem Verkäufer als Eigentümer die Qualität seines Wagens bekannt ist. Für die Käufer hingegen ist es unmöglich, die Qualität des angebotenen Wagens genau zu beobachten. Ihnen ist lediglich die Wahrscheinlichkeit bekannt, mit der es sich bei einem Wagen um einen mit hoher oder niedriger Qualität handelt. Ein direkter Informationsaustausch zwischen Käufer und Verkäufer ist nicht möglich, wodurch vor Vertragsabschluss zwischen den Akteuren eine asymmetrische Informationsverteilung bezüglich der am Markt angebotenen Qualität besteht.[81] Abbildung 4 verdeutlicht die Prozesse die an einem solchen Markt ablaufen.

Aufgrund der Informationsasymmetrie bewerten die Käufer alle Autos gleich und gehen von einer durchschnittlichen Qualität aus. Somit werden alle Autos zu einem einheitlichen Preis gehandelt, der die durchschnittliche Qualität wiederspiegelt. Während auf der einen Seite die Anbieter schlechter Qualität davon profitieren, werden auf der anderen Seite Anbieter einer guten Qualität schlechter gestellt. Für sie ist es nicht möglich, ihre Autos zu einem höheren Preis zu verkaufen, da die Käufer die gute Qualität nicht erkennen können. Güter unterschiedlicher Qualität werden nicht mehr zu unterschiedlichen Preisen gehandelt. Zu diesem einheitlichen Marktpreis werden Anbieter guter Qualität nicht mehr bereit sein, ihre Autos anzubieten und sich vom Markt zurückziehen. Es werden nur noch schlechte Autos auf dem Markt gehandelt (adverse selection).[82] Erkennen die Käufer, dass gute Qualität auf dem Markt gar nicht mehr angeboten wird, korrigieren sie ihre Qualitätserwartungen nach unten. Durch den wiederum fallenden Preis verlassen weitere Anbieter den Markt. Dieser Mechanismus kann

[79] Vgl. u.a. Schumann (2004), S. 7-8; Spence (1976), S. 356-358.
[80] In den USA werden schlechte Autos als „Lemons“ bezeichnet.
[81] Vgl. Akerlof (1970), S. 489-490; Schumann (2004), S. 5; Emons (2001), S. 664.
[82] Vgl. Schumann (2004), S. 6-7; Brunner/Kehrle (2008), S. 405-406; Spremann (1990), S. 574, Neus (1989), S. 17-18; Emons (2001) S. 664.

letztlich dazu führen, dass nur noch Autos mit ganz schlechter Qualität angeboten werden, oder dass der Markt schließlich vollkommen zusammenbricht.[83]

3.1.3. Das Modell von Michael Spence

Spence entwickelt sein Modell am Beispiel Arbeitsmarktes. In den meisten Arbeitsmärkten sind die Arbeitnehmer besser über ihre eigene Arbeitsproduktivität informiert als ihre zukünftigen Arbeitgeber. Diese Informationen werden den Arbeitgebern auch erst einige Zeit nach der Einstellung bekannt. Somit handelt es sich bei der Einstellung von neuen Mitarbeitern aus Sicht des Arbeitgebers um eine Investitionsentscheidung unter Unsicherheit.[84]

Technisch gesehen handelt es sich bei der Einstellung um eine Lotterie[85]. Dem Arbeitnehmer wird das monetäre Äquivalent der Lotterie als Gehalt gezahlt. Geht man von einem risikoneutralen Arbeitgeber aus, entspricht das Gehalt genau der Grenzproduktivität des Arbeitnehmers. Da der Arbeitgeber die Grenzproduktivität des Arbeitnehmers nicht direkt beobachten kann, betrachtet er dessen erkennbare Charakteristika und Eigenschaften. Hierbei handelt es sich zum Beispiel um das Alter, die Hautfarbe, das Geschlecht oder die Ausbildung. Von diesen erkennbaren Eigenschaften sind einige unveränderbar (z.B. Hautfarbe, Geschlecht) und andere veränderbar (z.B. Ausbildung). Im Folgenden werden die unveränderbaren Eigenschaften als **Indices** und die veränderbaren als **Signale** bezeichnet.[86]

In der Zeit nach der Einstellung erhält der Arbeitgeber Informationen über die tatsächliche Arbeitsproduktivität seiner Mitarbeiter. Auf Basis dieser Erfahrungen am Markt bildet er Wahrscheinlichkeitserwartungen bezüglich der Arbeitsproduktivität der Arbeitnehmer in Abhängigkeit ihrer Indices und Signale. Wenn es sich wiederum um einen risikoneutralen Arbeitgeber handelt, bestimmt er auf Basis der Wahrscheinlichkeitsverteilungen die erwartete Arbeitsproduktivität eines Arbeitnehmers.[87]

Die potentiellen Arbeitnehmer sehen sich somit einer Gehaltsverteilung gegenüber, die von ihren Indices und Signalen bestimmt wird. Da die Indices nicht beeinflussbar sind, kann nur

[83] Vgl. Emons (2001), S. 664; Schumann (2004) S. 6.
[84] Vgl. Spence (1973), S. 356; Roth (2001), S. 372; Schumann (2004), S. 8.
[85] Vgl. Holler/Illing (2008), S. 3. Die Spieltheorie versteht unter einer Lotterie ein Spiel mit unsicherem Ergebnis. Das Ergebnis hängt von dem eingetretenen Umweltzustand ab (hier: handelt es sich um einen Arbeitnehmer mit hoher oder niedriger Arbeitsproduktivität).
[86] Vgl. Spence (1973), S. 357.
[87] Vgl. Spence (1973), S. 357-358.

durch eine Veränderung der Signale das von den Arbeitgebern angebotene Gehalt beeinflusst werden. Die Veränderung der Signale ist in der Regel mit Kosten verbunden, den sogenannten Signalkosten (z.B. Kosten der Ausbildung).[88] Insofern stehen auch die Arbeitnehmer vor einer Investitionsentscheidung. Ihr Ziel ist es, die Differenz zwischen gebotenen Gehalt und Signalkosten zu maximieren. So werden sie nur dann in Ausbildung investieren, wenn das zusätzliche Gehalt mindestens die Kosten der Ausbildung kompensiert.[89]

Durch Neueinstellungen gelangen neue Marktinformationen zum Arbeitgeber. Dieser beobachtet die Grenzproduktivität der Arbeitnehmer in Abhängigkeit der Signale und passt ggf. seine Wahrscheinlichkeitserwartungen an. Als Folge verändern sich die Gehaltsstrukturen, denen sich potentielle Arbeitgeber gegenübersehen, was wiederum die Ausbildungsentscheidung zukünftiger Arbeitnehmer beeinflusst.[90] Zusätzlich besteht zwischen den Signalkosten (Ausbildungskosten) und der Qualität (Arbeitsproduktivität) eine negative Korrelation. Für einen Mitarbeiter mit einer hohen Qualifikation liegen die marginalen Ausbildungskosten für jedes Ausbildungsniveau unter denen eines Mitarbeiters mit einer niedrigen Qualifikation. Anders: Einem Arbeitnehmer mit niedriger Arbeitsproduktivität müsste ein relativ höherer Lohnzuwachs gezahlt werden, um die zusätzlichen Kosten seiner Ausbildung zu kompensieren. Wäre das nicht der Fall, könnte das Ausbildungsniveau nicht als Signal für die Arbeitsproduktivität verwendet werden.[91]

Zur Bestimmung eines Gleichgewichtes für diesen Arbeitsmarkt geht Spence von zwei Arbeitnehmergruppen aus. Gruppe 1 hat eine hohe Produktivität H und Gruppe 2 hat eine niedrige Produktivität L. Mit der Wahrscheinlichkeit p gehört ein Arbeitnehmer zu Gruppe H und mit der Wahrscheinlichkeit 1-p zu Gruppe L. Den Arbeitgebern sind die Wahrscheinlichkeitsverteilungen über p bekannt. Das Ausbildungsniveau des Arbeitnehmers ist e.[92] Besteht Unsicherheit über die Produktivität der Arbeitgeber, kann es zu einer Anreizproblematik kommen. Für Arbeitnehmer mit einer niedrigen Produktivität könnte ein Anreiz bestehen sich als Arbeiter mit einer hohen Produktivität zu tarnen, um so einen höheren Lohn zu realisieren. Abbildung 6 verdeutlicht diesen Fall. Die Funktionen y(H,e) bzw. y(L,e) beschreiben den Zusam-

[88] Die Signalkosten beinhalten nicht nur monetäre sondern auch nicht-monetäre Kosten: Arbeiter mit einer niedrigen Qualifikation fällt es schwerer ein höheres Ausbildungsniveau zu erreichen als Arbeitern mit einer hohen Qualifikation Vgl. Gibbons (1992), S. 192.

[89] Vgl. Spence (1973), S. 358; Schumann (2004), S. 8-9; Roth (2001), S. 372.

[90] Vgl. Spence (1973), S. 359-360; Schumann (2004), S. 9.

[91] Vgl. Gibbons (1992), S. 192.

[92] Vgl. Schumann (2004), S. 9; Roth (2001), S. 372.

menhang zwischen der Produktivität und des Ausbildungsniveaus eines Arbeiters mit hoher bzw. niedriger Produktivität. Haben die Arbeitnehmer mit einer niedrigen Produktivität Nutzenindifferenzkurven der Form um Qualitätsmerkmale, die für eine Partei nicht beobachtbar sind. Die Gefahr einer solchen Informationsasymmetrie besteht darin, dass die Beziehung zwischen den Marktakteuren eingestellt werden könnten.[93] Für die besser informierte Marktseite besteht die Möglichkeit diese Informationen zu übermitteln. Da eine verbale Kommunikation meist unmöglich oder zumindest unglaubwürdig ist, versucht der Akteur anhand der eigenen Handlungswahl Informationen zu übertragen. [94] Zu diesem Zweck wählt der Sender eine Handlung (**Signal**),[95] die positiv mit seinen Eigenschaften oder der Qualität korreliert ist, und die von der anderen Marktseite beobachtet werden kann. Der Empfänger beobachtet die Handlungen, kann jedoch nicht die Orginalinformation wahrnehmen. Ihm ist lediglich die Wahrscheinlichkeitsverteilung der verschiedenen Qualitätstypen bekannt. Darauf aufbauend stellt der Empfänger Vermutungen über die Eigenschaften des Senders auf und wählt als Reaktion eine mögliche Handlung aus.[96]

Die Signalingtheorie beschäftigt sich auch mit der Frage, ob die zeitlichen und finanziellen Investitionen in günstiger Relation zur erzielten Wirkung des Signals stehen. Effizient ist ein Signal dann, wenn der durch das Signal entstandene Nutzen im positiven Verhältnis zu den Kosten, die durch das Aussenden des Signals entstanden sind, steht.[97]

Die Probleme asymmetrischer Informationsverteilung lassen sich auch auf die Beziehung eines Unternehmens zu dessen relevanten Stakeholder-Gruppen übertragen. Charakteristisch für diese Beziehungen ist der große Informationsunterschied zwischen dem Unternehmen und seinen Stakeholdern. Gewisse Eigenschaften des Unternehmens sind für sie nicht direkt zu beobachten. In einem verallgemeinerten Sinne liegt Qualitätsunsicherheit vor. Der Abschluss und die Abwicklung von Verträgen können bei Unsicherheit oder Informationsunvollkommenheit jedoch durch die Aussendung von Signalen erleichtert werden.[98]

CSR-Maßnahmen können in diesem Kontext als Signale von dem Unternehmen an die Stakeholder interpretiert werden. Sie dienen dazu, eine Reputation ggü. den Stakeholdern

[93] Vgl. Neus (1989), S. 17.
[94] Vgl. Reichberger (1993), S. 185.
[95] Entsprechend der Definition von Spence handelt es sich bei Signalen um die veränderbaren und beobachtbaren Merkmale des Senders Vgl. Spence (1976), S. 357.
[96] Vgl. Kreps/Sobel (1994), S. 851.
[97] Vgl. Schumann (2004), S. 8-9.
[98] Vgl. Spremann (1988), S. 613.

aufzubauen, die Glaubwürdigkeit, Zuverlässigkeit, Fairness und andere vertrauensbildende Eigenschaften des Unternehmens signalisiert. Die Stakeholder treffen u.a. die Entscheidung, ob sie für ein Unternehmen arbeiten, in das Unternehmen investieren oder die Produkte oder Dienstleistungen des Unternehmens erwerben wollen. Um die Unvollkommenheit der Informationen in diesen Entscheidungssituationen zu überwinden, nutzen die Stakeholder Entscheidungsheuristiken bzw. unkomplizierte Entscheidungshilfen. CSR-Maßnahmen können als eine unkomplizierte Entscheidungshilfe verwendet werden. So können z.B. potentielle neue Mitarbeiter ihre Entscheidung für das Unternehmen zu arbeiten, davon abhängig machen, wie das Unternehmen seine Mitarbeiter in der Vergangenheit behandelt hat.[99]

Analog zu signalingtheoretischen Ansätzen spielt auch im Rahmen von CSR die Effizienz der Maßnahmen eine entscheidende Rolle. Unternehmen werden ein langfristiges CSR-Engagement nur dann verfolgen, wenn den zusätzlich entstandenen Kosten auch ein messbarer ökonomischer Erfolg gegenübersteht.[100]

Es zeigt sich, dass die Fragestellungen der Signalingtheorie auch bei der Ausgestaltung und Steuerung von CSR-Maßnahmen eine entscheidende Rolle spielen. Mit Hilfe der Signalingtheorie können CSR-Maßnahmen auf ihre Signalwirkung untersucht werden und ggfs. Anpassungen vorgenommen werden.

3.2. CSR und Signaling

3.2.1. Reputation als Instrument der Signalingtheorie

Bei der Beantwortung der Frage, ob Stakeholder bereit sind eine langfristige Beziehung mit dem Unternehmen einzugehen, ist die **Reputation** eines Unternehmens von entscheidender Bedeutung. Die Reputation bringt zum Ausdruck, wie die Qualität der Produkte, die Arbeitsbedingungen, die Geschäftspolitik oder die Zukunftsaussichten eines Unternehmens im Vergleich zu den direkten Konkurrenten eingeschätzt werden. Eine vorteilhafte Reputation hat demzufolge einen direkten Einfluss auf die künftigen Erfolgsaussichten eines Unternehmens. Sie erleichtert den Zugang zu den Kapitalmärkten, die Anwerbung qualifizierter Mitarbeiter

[99] Vgl. Jones/Murrell (2001), S. 60.
[100] Vgl. Schäfer/Lindenmayer (2005), S. 22-23.

und das Gewinnen neuer Investoren. Somit ist die Reputation aus Perspektive der strategischen Unternehmensführung von zentraler Bedeutung.[101]

Fombrun (1996) definiert Reputation als, „(…) perceptual representation of a company's past actions and future prospects that describes the firm´s overall appeal to all its key constituents when compared to other key rivals.“[102] Hinter dieser Definition verbirgt sich die Auffassung, dass Reputation die Wahrnehmung der Unternehmensaktivitäten durch die Stakeholder reflektiert. Da verschiedene Stakeholder auch unterschiedliche Ansprüche an die Handlungen der Unternehmen stellen, hängt die Reputation eines Unternehmens davon ab, inwieweit die tatsächlichen Unternehmensaktivitäten mit diesen Ansprüchen übereinstimmen.[103] Aus Sicht des Unternehmens handelt es sich bei Reputation um einen immateriellen Vermögensgegenstand, der nicht an den Faktormärkten gehandelt und von der Konkurrenz nicht ohne weiteres kopiert werden kann und stellt für die Unternehmen so einen entscheidenden Wettbewerbsvorteil dar. [104]

Reputation ist dann von besonderer Bedeutung, wenn die Realität nur unvollkommen beobachtet oder bewertet werden kann. Im Fall von asymmetrisch verteilten Informationen kann die Reputation dazu beitragen, die Probleme der adverse selection zu überwinden. Voraussetzung ist, dass das Verhalten in der Vergangenheit beobachtbar ist, und die Akteure einen Zusammenhang zwischen vergangenen und zukünftigen Verhalten erkennen.[105] **Reputation dient hier als Signal für die grundlegenden Eigenschaften eines Unternehmens**. Sie fördert und rechtfertigt eine gewisse Erwartung im Hinblick auf die Aktivitäten des Unternehmens. Dabei besitzt sie eine doppelte Wirkung. Erstens findet die aus der Reputation abgeleitete Erwartung eine Begründung in der Strafandrohung: Unternehmen, die ihre gesellschaftliche Verantwortung vernachlässigen, riskieren die Beschädigung oder sogar die Zerstörung ihrer Reputation. Zweitens wird Reputation unter denselben Bedingungen aufgebaut, die sie erwarten lässt. Das heißt im Bezug zu CSR, Reputation wird aufgebaut, wenn sich das Unternehmen bei früheren Entscheidungen gesellschaftlich verantwortlich verhalten hat.[106]

---

[101] Vgl. Fombrum/Shanley (1990), S. 233.
[102] Fombrum (1996), S. 72.
[103] Vgl. Brammer/Pavelin (2006), S. 437.
[104] Vgl. Hunt/Morgan (1995), S. 7 u 12-13.
[105] Vgl. u.a. Schwalbach (2002), S. 62; Rapold (1987), S. 1-2.
[106] Vgl. Spremann (1988), S. 619-620.

3.2.2. Die Reputationswirkungen von CSR-Maßnahmen

Entscheidend für die Gestaltung von Maßnahmen zur Verbesserung der Reputation ist die Beantwortung der **Frage, welchen Faktoren die Reputation eines Unternehmens beeinflussen**. Neben der unternehmerischen Qualität (Qualität der Produkte und Dienstleistungen), der Performance des Unternehmens in der Vergangenheit und des wahrgenommenen wirtschaftlichen Erfolgs, wird auch die Attraktivität des Unternehmens für die Stakeholder als Einflussvariable der Unternehmensreputation in der Literatur genannt.[107] Hier zeigt sich, dass neben finanziellen auch nicht-finanzielle Größen eine Wirkung auf die Unternehmensreputation haben. In diesem Zusammenhang ist auch die **Übernahme gesellschaftlicher Verantwortung durch die Unternehmen** als Bestimmungsgröße der Unternehmensreputation zu charakterisieren.[108] In diesem Kontext ist zu beachten, dass nur die Übernahme gesellschaftlicher Verantwortung von Bedeutung ist, die auch von den Stakeholdern wahrgenommen wird. Somit ist nicht die bloße Übernahme gesellschaftlicher Verantwortung für die Reputationsbildung von Bedeutung, sondern die subjektive Wahrnehmung durch die Stakeholder.[109]

Der Einfluss der Übernahme gesellschaftlicher Verantwortung auf die Unternehmensreputation wird von Unternehmen mittlerweile auch im **Rahmen ihres Reputationsmanagements** berücksichtigt. So stellt z.B. die BMW-Group in ihrem Sustainable Value Report 2003/04 fest: „Das Reputationsmanagement der BMW-Group dient dazu, das Unternehmen als verantwortlich handelnden Partner in der globalen Gemeinschaft weiter zu entwickeln. (…) Verantwortliches Handeln berücksichtigt die wirtschaftlichen und sozialen Interessen verschiedener Anspruchsgruppen (…). Gleichzeitig gilt es, das unternehmerische Handeln transparent und kalkulierbar darzustellen.“[110]

Von besonderer Bedeutung für die Entwicklung einer Reputation als gesellschaftlich verantwortlich handelndes Unternehmen ist die **Corporate Social Performance (CSP)**. CSP befasst sich mit der Messung und Analyse des Verhaltens der Unternehmen hinsichtlich ihrer gesellschaftlichen Verantwortung.[111] Ziel ist es, nach bestimmten Maßstäben die Qualität des Stakeholder-Managements des Unternehmens zu bewerten. Hierzu werden Management- und

[107] Vgl. Eberl/Schwaiger (2006), S. 422.
[108] Vgl. Fombrun/Shanley (1990), S. 239.
[109] Vgl. Schwaiger (2004), S. 49.
[110] BMW-Group (2004), S. 11.
[111] Vgl. Münstermann (2007), S. 14.

Auditingkonzepte sowie bestimmte Bewertungsverfahren eingesetzt.[112] **Management- und Auditingkonzepte** haben das Ziel, die Nachhaltigkeitsaspekte in den Unternehmen bewertbar und steuerbar zu machen. Wichtige integrierte Modelle sind das SIGMA- und EFQM-Konzept oder der Accountability 1000 Standard. Während die ökologischen Dimensionen durch EMAS-Verordnungen für Banken oder die ISO 1400er Serie einen hohen Vereinheitlichungsgrad haben, sind Management- und Auditingkonzepte für soziale Dimensionen, wie z.B. Social Accountability 800 durch eine hohe Individualität gekennzeichnet. **Bewertungskonzepte** (CSR-Ratings) hingegen ordnen Unternehmen in Nachhaltigkeitsklassen ein. Ziel ist eine integrierte soziale, ökologische und ökonomische Beurteilung des Unternehmens. Durch die Auswertung unternehmensspezifischer Daten soll sowohl eine absolute, unternehmensindividuelle Nachhaltigkeitsbewertung vorgenommen, als auch eine relative Nachhaltigkeitsposition von Unternehmen (z.B. im Branchenkontext) bestimmt werden.[113] Eine Reihe von Studien konnte einen positiven Zusammenhang zwischen der Übernahme gesellschaftlicher Verantwortung und Unternehmensreputation nachweisen.[114]

[112] Vgl. Falck/ Heblich (2006), S. 9.
[113] Vgl. Schäfer/Hauser-Dietz/Preller (2004), S. 2-3.
[114] Vgl. u.a. Brammer/Pavelin (2004); Logsdon/Wood (2002); Carroll (1979); Mahon (2002).

4. Signalingtheoretische Analyse

4.1. CSR und Unternehmen

4.1.1. Die Signalwirkung einer „Good" Governance

Das Ausmaß der Berücksichtigung der Interessen verschiedener Stakeholder-Gruppen im Rahmen der Unternehmenssteuerung steht im engen Zusammenhang mit der Corporate Governance-Struktur eines Unternehmens. Unter dem **Begriff Corporate Governance** wird die Organisation der Leitung und Kontrolle eines Unternehmens verstanden. Eine zentrale Aufgabe besteht darin, eine Kontrolle der Unternehmensleitung durch die verschiedenen Stakeholder-Gruppen eines Unternehmens zu ermöglichen.[115] Ziel von Corporate Governance ist es, die Effizienz der Entscheidungsprozesse zu erhöhen. Bestehende Informationsasymmetrien und Interessenkonflikte zwischen Management und einzelnen Stakeholdern können die Effizienz negativ beeinflussen. Um geeignete Systeme zu entwickeln, müssen diese Interessenkonflikte zunächst herausgearbeitet werden.[116]

Shareholder stellen dem Unternehmen Eigenkapital zur Verfügung und erhalten im Gegenzug einen Anspruch auf einen Teil des Unternehmensgewinns. Grundlage für ihre Investitionsentscheidung ist die erwartete, risikoadäquate Rendite, welche sich aus erwartenden Dividendenzahlungen und Kursgewinnen ergibt. In ihrem Interesse liegt somit eine maximale Gewinnsteigerung.[117] Die große Mehrheit der Publikumsgesellschaften zeichnet sich durch eine Trennung von Eigentum und Kontrolle aus. Ein weit gestreuter Aktienbesitz veranlasst die Anteilseigner die Lenkung des Unternehmens auf ein dafür eingestelltes Management zu übertragen. Zwischen Shareholdern und Management besteht eine klassische Agency-Beziehung. Dem Management werden bei seinen Entscheidungen erhebliche Handlungsspielräume eingeräumt. Aufgrund unterschiedlicher Zeithorizonte oder abweichender Risikoeinstellungen zwischen Management und Eigentümern besteht die Gefahr, dass das Management Entscheidungen trifft, die nicht im Interesse der Anteilseigner sind.[118]

Gläubiger stellen dem Unternehmen Fremdkapital zur Verfügung und erhalten dafür Zins- und Tilgungszahlungen. Es liegt in ihrem Interesse, dass die Zahlungen fristgerecht erfolgen

[115] Vgl. Witt (2002), S. 41.
[116] Vgl. Zöller (2007), S. 77.
[117] Vgl. Helm (2007), S. 174.
[118] Vgl. Jensen/Meckling (1976), S. 308-309.

und dass das Unternehmen als Kreditnehmer über die Laufzeit zahlungsfähig bleibt.[119] Im Gegensatz zu den Stakeholdern profitieren Gläubiger nicht an Unternehmenswertsteigerungen. Damit entsteht ein Interessenkonflikt mit den Shareholdern. Scheitern in einer wirtschaftlich kritischen Situation risikoreiche Investitionen, besteht die Gefahr, dass die Ansprüche der Gläubiger nicht erfüllt werden können. Sie erleiden somit einen Vermögensschaden. Die Ansprüche der Eigentümer auf den Restwert sind zwar auch untergegangen, ihre Position hat sich im Vergleich zu vorher nicht verschlechtert.[120] Gleichzeitig ist die Beziehung zwischen Kreditnehmer und Kreditgeber durch asymmetrisch verteilte Informationen und damit durch Qualitätsunsicherheit gekennzeichnet. Für die Kreditgeber ist es oftmals schwer, die Qualität des Investitionsprojektes bzw. des Schuldners einzuschätzen, da er über weniger Informationen über die Investition und die Kreditwürdigkeit des Schuldners verfügt.[121]

Die **Arbeitnehmer** eines Unternehmens haben ein Interesse an fristgerechten Lohnzahlungen, guten Arbeitsbedingungen und einem sicheren Arbeitsplatz.[122] Damit hat die langfristige Existenz für sie die größte Bedeutung. Die Beziehungen der Arbeitnehmer zu den Unternehmen sind durch Arbeitsverträge geregelt. Diese Verträge werden jedoch unter Unsicherheit geschlossen und es bestehen Informationsasymmetrien. Auch hier ergibt sich eine typische Agency-Beziehung.[123]

Kunden werden aus der Marketingperspektive als zentrale Anspruchsgruppen angesehen.[124] Sie sind vor allem an Produktqualität, Preiswürdigkeit, Produktsicherheit, Versorgungsqualität und Image interessiert.[125]

Die Beziehung des Unternehmens zu den **Lieferanten** ist, wie die der Gläubiger, durch Verträge geregelt und beinhaltet die Verpflichtung der Unternehmen zur Abnahme von Waren und Dienstleistungen und die fristgerechte Bezahlung. Bei der Einräumung von Zahlungszielen trägt der Lieferant ein Kreditrisiko. Damit steht bei ihm die gesicherte Liquidität des Unternehmens im Vordergrund.[126]

---

119 Vgl. Macharzina (1999), S. 9.
120 Vgl. Jensen/Meckling (1976), S. 334-337.
121 Vgl. Stiglitz/Weiss (1981), S. 393.
122 Vgl. Eberhardt (1998), S. 231.
123 Vgl. Picot/Neuburger (1995), S. 16-17.
124 Vgl. Eberhardt (1998), S. 242.
125 Vgl. Janisch (1993), S. 225.
126 Vgl. Zöller (2007), S. 82.

Traditionell stehen die Interessen der Anteilseigner (Shareholder) im Mittelpunkt. Corporate Governance hat in dieser **engen Definition** die Aufgabe zu gewährleisten, dass sich Manager im Sinne der Anteilseigner verhalten.[127] Die Ausgestaltung anreizkompatibler Vergütungssysteme, sowie die Kontrolle der Unternehmensführung durch die Trennung des Postens des Vorstandvorsitzenden von dem des Aufsichtsrates und die effektive Besetzung des Aufsichtsrates mit unabhängigen unternehmensexternen Mitglieder, sollen die Handlungen der Manager auf die Interessen der Besitzern ausrichten (interne Governance-Mechanismen).[128] Versagen die internen Kontrollmechanismen, greifen die externen Mechanismen des Marktes. Über Markttransaktionen und Preismechanismus wirken feindliche Übernahmen als Kontrollmechanismus und führen dazu, dass ein schlechtes Management abgelöst wird.[129]

Bei einer engen Auslegung des Begriffs Corporate Governance wird deutlich, dass die Interessen der Eigentümer im Vordergrund stehen. Die Verantwortung der Unternehmensführung besteht hier in der Steigerung des Shareholder Value.[130] Die Begründung, dass Corporate Governance-Systeme so ausgestaltet sind, dass Entscheidungen letztlich nur im Interesse der Eigentümer und damit nur nach den Kriterien des Shareholder Value getroffen werden, liegt in der Annahme, dass die Eigentümer als residual claimants definitionsgemäß Gewinnberechtigte und Risikoträger sind. Eine weiterer Grund ist, dass die Investitionen der Stakeholder ausgeprägt spezifisch sind. Sie werden sich kaum dazu entschließen, haftendes Eigenkapital bereit zu stellen, wenn ihnen nicht Herrschaftsrechte zugewiesen werden, oder auf anderer Weise sichergestellt wird, dass ihre Interessen geachtet werden.[131]

Eines der Kernprobleme der Corporate Governance ist bei der Festlegung der Unternehmensziele und der konkreten Unternehmenspolitik einen **Interessenausgleich zwischen den verschiedenen Stakeholdern** eines Unternehmens zu bewirken.[132] Das betrifft auch die Art und das Ausmaß, indem sich einzelne Stakeholder davor schützen können, dass ihre Interessen durch zukünftige Entscheidungen in unangemessener Weise verletzt werden. Wird der Shareholder Value als zu maximierende Zielgröße gewählt, bedeutet das nicht, dass die Interessen anderer Stakeholder nicht berücksichtigt werden. Vielmehr steht hinter der Shareholder Value-Orientierung die Annahme, dass Verträge und Gesetze vollständig sind und kostenlos

[127] Vgl. Tirole (2001), S. 1.
[128] Vgl. Jensen/Meckling (1976), S. 323.
[129] Vgl. Schwerk (2007), S. 6.
[130] Vgl. z.B. Friedman (1970); Clarke (2007), S. 281.
[131] Vgl. Schmidt/Weiß (2003), S. 7-8.
[132] Vgl. u.a. Witt (2000), S. 159; Freeman/ Reed (1983), S. 88.

vereinbart und durchgesetzt werden können. Zudem existieren vollkommene Märkte. Unter diesen Voraussetzungen erfolgt die Absicherung der Interessen der übrigen Interessengruppen über Verträge und den Marktmechanismus. Eine darüber hinausgehende Berücksichtigung ihrer Interessen wäre ökonomisch nicht effizient. In der Realität sind Verträge und Gesetze jedoch nicht vollständig, ihre Durchsetzung verursacht Kosten und Märkte sind in der Regel unvollkommen.[133]

Kritiker sehen durch die Unvollkommenheit der Verträge, Gesetze und Märkte die ökonomischen Interessen der übrigen Stakeholder gefährdet. Rajan/Zingales (1998) kritisieren, die zu starke Fokussierung auf das eingebrachte Kapital der Shareholder und das Herunterspielen der Bedeutung der übrigen an der Unternehmung beteiligten Gruppen.[134] Das Wesen eines Unternehmens beschreiben sie wie folgt: Unternehmen sind „a nexus of specific investments: a combination of mutually specialized assets and people."[135] Neben den Shareholdern tätigen somit auch andere Stakeholder spezifische Investitionen in das Unternehmen. Die Arbeitnehmer zum Beispiel investieren in eine spezielle Fachkenntnis und in ein Beziehungsnetzwerk, das sowohl für die Erfüllung ihrer Aufgaben, als auch für den Aufbau eines positiven Rufs innerhalb des Unternehmens notwendig ist. Aufgrund dieser Investitionen erwarten die Arbeitnehmer langfristig am Erfolg des Unternehmens beteiligt zu werden.[136]. Ein Unternehmen kann also durch die wechselseitigen spezifischen Investitionen der an ihr beteiligten Individuen charakterisiert werden.[137] Manager, die ausschließlich bemüht sind den Shareholder Value zu maximieren, unterliegen der Versuchung Entscheidungen zu treffen, durch die sie sich den ökonomischen Wert dieser spezifischen Investitionen aneignen können. Wird dieses opportunistische Verhalten von den Stakeholdern antizipiert, werden sie nicht bereit sein, Investitionen in das Unternehmen zu tätigen. Sie werden nur dann bereit sein die Investitionen zu tätigen, wenn sie einen Schutz erhalten.[138] Aus diesem Verständnis heraus ist ein Unternehmen auf Kooperation mit den Stakeholdern angewiesen. Es müssen Rahmenbedingungen geschaffen werden, die kooperatives Verhalten und damit Vertrauen und Transparenz fördern.[139]

[133] Vgl. Tirole (2001), S. 4.
[134] Vgl. Zingales (1998), S. 498.
[135] Zingales (1998), S. 498.
[136] Vgl. Blair (2003), S. 58.
[137] Vgl. Wentges (2002), S. 60.
[138] Vgl. Schmidt (2001), S. 68.
[139] Vgl. Schwerk (2007), S. 7.

Als Folge der Bedenken an einer reinen Shareholder-Orientierung haben sich Corporate Governance-Systeme entwickelt, die das Ziel verfolgen, dass kooperative Verhalten zwischen den Stakeholdern zu fördern.[140] Diese Systeme entsprechen einer **weiten Definition** von Corporate Governance und gehen davon aus, dass die Interessen aller Stakeholder zu berücksichtigen sind.[141] Im Rahmen dieses **Stakeholder-Ansatzes** wird das Unternehmen als quasi-öffentliche Institution verstanden, in der sich die Interessen der unterschiedlichen Stakeholder treffen. Als Stakeholder werden dabei alle verstanden, die einen Ressourcen-Einsatz („Stake") getätigt haben. Dieser Stake begründet Ansprüche an das Unternehmen und kann durch das Verhalten des Unternehmens gefährdet sein. Auf diese Weise entsteht eine wechselseitige Abhängigkeit: die Stakeholder sind bei der Verfolgung ihrer Ziele auf das Unternehmen, das Unternehmen auf das Erbringen der Stakes angewiesen. Die Unternehmen sind dabei gefordert, die Maximierung der Überschüsse aller einzelnen Stakeholder anzustreben.[142] Um alle Stakeholder-Gruppen in die betriebliche Entscheidungsfindungsfindung einzubeziehen und Zielkonflikte ausgleichen zu können, muss für jede Gruppe ein Information-, Mitsprache- und gegebenenfalls auch ein Widerspruchsrecht zuerkannt werden. Im deutschen Corporate Governance-System bietet der Aufsichtsrat den Rahmen, in dem Stakeholder vertreten sein können und in dem die Lösung von Interessenkonflikten vorgenommen werden kann.[143]

Als Folge der zahlreichen Unternehmensschieflagen- und Krisen (z.B. Enron oder WorldCom) hat sich die Diskussion um die Ausgestaltung von Corporate Governance-Systemen, auf nationaler sowie internationaler Ebene zu einem vielbeachteten Thema entwickelt.[144] Ausdruck dieser Entwicklung ist das gestiegene Aufkommen vielfältiger Codes, Guidelines und Statements zum Thema Corporate Governance. Diese Regelwerke dienen als Ergänzungen zu den geltenden rechtlichen Bestimmungen und sollen durch eine Selbstbindung der Unternehmen wirksam werden.[145] Ziel der Regelwerke ist die Entwicklung einer **„guten" Corporate Governance** (Good Governance). Also eine Corporate Governance, die eine gute und verantwortungsvolle Unternehmensführung bewirkt.[146] Zöller (2007) sieht als kennzeichnendes Merkmal einer guten Corporate Governance, dass „(...) divergierende Interessenansprüche von Management, Share- und anderen Stakeholdern angeglichen und Informations-

[140] Vgl. bspw. die Theorie der Teamproduktion von Blair/Stout (2000). Vgl. Blair (2003), S. 67-69.
[141] Vgl. Witt (2002), S. 56-57.
[142] Vgl. Zöller (2007), S. 85; Vgl. hierzu auch Abschnitt 2. 2.1.
[143] Vgl. Witt (2001), S. 106.
[144] Vgl. Schwalbach/Schwerk (2006), S. 4.
[145] Vgl. Werder (2002), S. 801.
[146] Vgl. Schwerk (2007), S. 11.

asymmetrien gesenkt, somit Agency-Kosten vermieden werden und der Unternehmenswert langfristig gesteigert wird.“ [147]

In Deutschland ist der 2002 von einer Regierungskommission erarbeitete **Deutsche Corporate Governance Kodex** (DCGK) als wichtigster Standard zu nennen. Der Kodex verfolgt zwei übergeordnete Zielsetzungen:[148]

(1) Die **Verbesserung der Informationslage in- und ausländischer Investoren** bezüglich der Grundsätze der Unternehmensleitung- und Kontrolle in Deutschland.

(2) Die Erweiterung der bestehenden gesetzlichen Regelungen. Der Kodex hat die Aufgabe als Ergänzung zu den geltenden rechtlichen Bestimmungen **Standards guter und verantwortungsvoller Unternehmensführung zu setzen**. Er hat somit den Charakter gesetzesergänzender- und verbessernder Verhaltensregeln.

Laut Regierungskommission stellt der Kodex „wesentliche gesetzliche Vorschriften zur Leitung und Überwachung deutscher börsennotierter Gesellschaften dar und enthält international und national anerkannte Standards einer guten und verantwortungsvoller Unternehmensführung. **Der Kodex soll das deutsche Corporate Governance System transparent und nachvollziehbar machen.** Er will das Vertrauen der internationalen und nationalen Anleger, der Kunden, der Mitarbeiter und der Öffentlichkeit in die Leitung und Überwachung deutscher börsennotierter Gesellschaften fördern.“[149] Neben den Pflichten des Unternehmens gegenüber den Aktionären und der Hauptversammlung, den Informationspflichten des Vorstandes gegenüber des Aufsichtsrates und einer erhöhten Transparaenz durch die zusätzliche Veröffentlichung von Informationen enthält der Kodex in Punkt 4.1.1. auch eine Forderung nach der Steigerung des nachhaltigen Unternehmenswertes.[150] Der Kodex richtet sich somit gegen eine kurzfristige Maximierung des Shareholder Value. Wieland spricht in diesem Zusammenhang sogar von einer „potentiellen Stakeholder-Orientierung“ des Kodex.[151]

Wird das Corporate Governance-System eines Unternehmens im Sinne einer Good Governance gestaltet, ist es ein integraler Bestandteil der CSR eines Unternehmens und leistet einen Beitrag zum nachhaltigen Unternehmenserfolg. Eine „gute“ Corporate Governance trägt zu einer schnellen Konfliktlösung zwischen den Stakeholdern bei und stärkt somit die Wettbe-

[147] Zöller (2007), S. 4.
[148] Vgl. Schwalbach/Schwerk (2006), S. 6.
[149] DCGK (2008), S. 1.
[150] Vgl. Schwerk (2007), S. 12.
[151] Vgl. Wieland (2002), S. 3.

werbsposition des Unternehmens. Somit ist eine „gute“ Corporate Governance ein wichtiger Faktor für die langfristige Existenz des Unternehmens.[152]. Abbildung 9 zeigt die Möglichkeiten zur Ausdehnung der Corporate Governance auf gesellschaftliche und ökologische Aspekte, sowie die Berücksichtigung weiterer Stakeholder und Governance-Mechanismen.

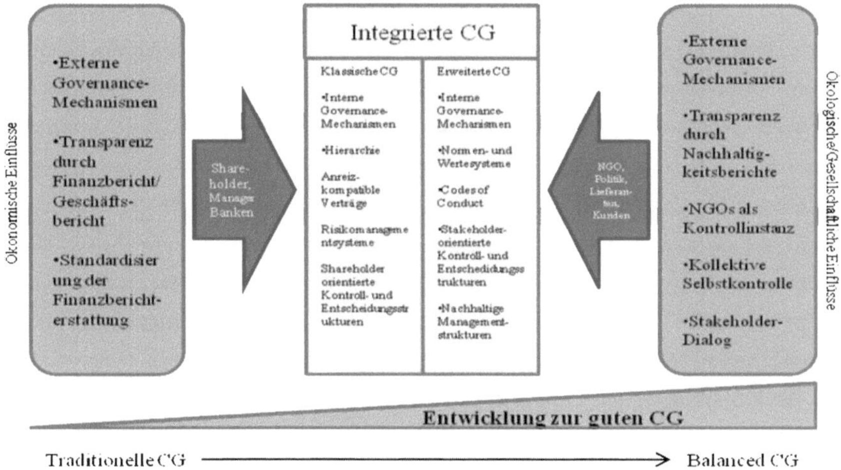

Abbildung 2: Entwicklung einer Good Governance[153]

Ob eine „gute“ Corporate Governance als ein positives Signal an die Stakeholder dienen kann, hängt davon ab, ob sie in der Lage ist, die Informationsasymmetrie zwischen dem Unternehmens und dessen Stakeholdern zu reduzieren. Informationsasymmetrien werden besonders durch eine gesteigerte **Unternehmenstransparenz** abgebaut. Transparenz und transparenzfördernde Instrumente werden so zu einem entscheidenden Aspekt bei der Beurteilung der Signalwirkung der Corporate Governance-Struktur.[154] Einen großen Einfluss auf die Unternehmenstransparenz haben Nachhaltigkeitsreportings. Sie entsprechen der Forderung an eine „gute“ Corporate Governance nach einer proaktiven Unternehmenskommunikation und haben das Ziel, das Vertrauen der Stakeholder in das Unternehmen zu bestärken.[155] Im Rahmen einer „guten“ Corporate Governance ist es insofern notwendig die Transparenz gegenüber allen Stakeholdern, und nicht nur gegenüber den Shareholdern und Investoren zu erhöhen. „Nur so können Informationsasymmetrien abgebaut werden und externe Sanktionsme-

[152] Vgl. Schwalbach/Schwerk (2006), S. 11-12.
[153] Vgl. Schwerk (2007), S. 36.
[154] Vgl. Budäus (2005), S. 11-12.
[155] Vgl. Schäfer (2009), S. 76.

chanismen wie Kaufentscheidungen, „signaling“ durch reputationswirksame Boykottmaßnahmen oder nachhaltige Investitionsentscheidungen verwirklicht werden.“[156]

Neben der Verbesserung der Unternehmenstransparenz soll eine „gute“ Corporate Governance auch eine hohe Qualität der Unternehmensführung signalisieren. Die Corporate Governance deutscher Unternehmen unterliegt vielfältigen Vorschriften aus dem Gesellschafts-, Bilanz-, Kapitalmarkt- und Mitbestimmungsrecht. Diese rechtlichen Normen geben jedoch nur einen rechtsformspezifischen Rahmen für die Leitung und Überwachung der Unternehmen vor. Eine Reihe wichtiger Fragen der Unternehmensführung werden offen gelassen und können von den Unternehmen nach Belieben gestaltet werden. Standards für das Zusammenwirken von Leitungsorganen, Überwachungsgremien, Anteilseignern und andern Stakeholder-Gruppen im Unternehmen können diese Regelungslücken schließen. Sie werden durch Selbstbindung der Unternehmen wirksam.[157] Die Aufgaben der Unternehmensführung zeichnen sich zudem durch die „(...)Vernetzung der potentiellen problemrelevanten Einflussfaktoren, die Zukunftsbezogenheit und zeitliche Reichweite ihrer Konsequenzen sowie der regelmäßig existenten Zielkonflikte aus“ [158] und haben somit einen hohen Komplexitätsgrad. Bei ihrer Lösung sind die Entscheidungsträger zudem mit der Unvollständigkeit und Ungewissheit von Informationen, die sich vor allem durch die unvollständigen Verträge, die zwischen den maßgeblichen Gruppen der Unternehmensführung bestehen, konfrontiert. Mit Hilfe der Übernahme der Regelungen eines Corporate Governance-Kodex können die Handlungsspielräume, die sich durch die Unvollständigkeit der Verträge und der Unsicherheit der Unternehmensführung ergeben, verringert werden. Sie können die Funktion eines Leitfadens für die Unternehmensführung übernehmen und dienen somit der Reduzierung interner Konflikte und können opportunistisches Verhalten einzelner Akteure vermeiden.[159]

Es zeigt sich somit, dass die Schnittstelle zwischen CSR und Corporate Governance in der Diskussion um den Shareholder- bzw. Stakeholder-Ansatz liegt. In der Theorie wird nicht mehr bestritten, dass eine Corporate Governance, die sich allein auf die Interessen der Shareholder konzentriert, nicht ausreichend ist. Es wurde gezeigt, dass durch die Unvollständigkeit der Verträge und Märkte nicht nur die Shareholder dem Risiko aus der Unternehmenstätigkeit ausgesetzt sind, sondern auch andere Stakeholder-Gruppen, die ebenfalls unternehmensspezi-

[156] Schwerk (2007), S. 35.
[157] Vgl. Bernhardt/Werder (2000), S. 1270.
[158] Werder (1996), S. 6.
[159] Vgl. Küpper (2006), S. 166.

fische Investitionen getätigt haben.[160] Es muss Ziel der Corporate Governance sein die Interessen aller Stakeholder zu berücksichtigen, um den nachhaltigen Erfolg des Unternehmens zu sichern.

4.2.2. Die Signalwirkungen einer Unternehmensethik

Unternehmen sehen sich nach einem Jahrzehnt voller Unternehmensskandale einem erhöhten Legitimationsdruck gegenüber. Finanzskandale, Korruptionsfälle, unzureichende Umweltschutzmaßnahme oder die mangelhafte Einhaltung von Menschenrechten haben die Bevölkerung für unethisches Verhalten der Unternehmen sensibilisiert.[161] Die Entwicklung leistungsfähiger Informations- und Kommunikationstechnologien setzt Unternehmen der Gefahr aus, dass unethisches Verhalten aufgedeckt und durch die Gesellschaft sanktioniert wird. Für Unternehmen ist es somit unerlässlich unethisches Verhalten ihrer Entscheidungsträger zu unterbinden, um so die Reputation des Unternehmens zu schützen.[162]

Die Gefahr unethischen Verhaltens der Unternehmensmitglieder liegt in **der Unvollständigkeit der Verträge und Informationen** begründet. Ökonomische Verträge sind in der Regel unvollständig und zeichnen sich dadurch aus, dass sie nicht für alle denkbaren Umweltzustände geeignete Verhaltensweisen bestimmen, sondern bewusst offen gelassen werden und somit auf spätere Nachverhandlungen zur Anpassung an die dann eingetretenen Zustände angewiesen sind. Die Unvollständigkeit der Verträge eröffnet Missbrauchsmöglichkeiten für die Vertragspartner. Es besteht die Gefahr von opportunistischen Verhaltensweisen.[163] Diese Zusammenhänge wurden auch von Wieland (2001) erkannt, der die Existenz moralischer Fragen durch die Unvollständigkeit der Verträge, sowie der Unsicherheit in personaler, situationaler und informaler Hinsicht begründet sieht. Wären die Beziehung zwischen den Vertragspartnern über vollständige Verträge geregelt und unter den Bedingungen von vollständigen Informationen abgewickelt, würden keinerlei ungelöste moralische Fragen bestehen.[164]

Die **Unternehmensethik** (Business Ethics) wird als kennzeichnendes Leitbild für Ethikvorstellungen in wirtschaftlichen Beziehungen verstanden. Sie befasst sich mit der Frage, welche moralischen Normen und Werte von den Unternehmen bei ihren Handlungen berücksichtigt

[160] Vgl. Werder (2003), S. 9.
[161] Vgl. Steinmann/Löhr (2002), S. 513.
[162] Vgl. Schmidt (2002), S. 73.
[163] Vgl. Erlei/Leschke/Sauerland (1999), S. 175-179.
[164] Vgl. Wieland (2001), S. 12.

werden sollten.[165] Die Problemstellungen der Unternehmensethik betreffen auf einer praktischen Ebene unternehmensinterne und -externe Handlungen, sowie Entscheidungen, welche das Unternehmen als Ganzes betreffen.[166]

Das weitverbreitetste Instrument zur Entwicklung einer Unternehmensethik ist die Formulierung und Implementierung eines **Codes of Ethics**. Diese Codes, die von der Unternehmensführung verbreitet und regelmäßig überarbeitet werden, enthalten die ethischen Prinzipien, unter deren Berücksichtigung Unternehmen ihre Tätigkeiten gestalten.[167] Sie orientieren sich an allgemeinen gültigen Normen und Regeln und sollen das sozial- und umweltverträgliche Handeln der Entscheidungsträger gewährleisten.[168] Moralische Prinzipien, Werte und Einstellungen sollen Managern und Mitarbeiter dazu dienen, „bestimmte Situationen zu analysieren, (…), um dann zu entscheiden, ob etwas richtig oder falsch ist (…).[169]

Die alleinige Formulierung und Verbreitung ethischer und moralischer Prinzipien ist aber nicht ausreichend. Als warnendes Beispiel dient hier noch immer der Fall Enron. In Enrons Code of Ethics von 2000 heißt es unter dem Punkt Business Ethics: „Employees of Enron Corp. (…) are charged with conducting their business affairs in accordance with the highest ethical standards. (…) Moral as well as legal obligations will be fulfilled openly, promptly, and in a manner which will reflect pride on the Company's name.“[170] Dennoch war der Erfolg (und der Niedergang) Enrons u.a. in „(…) der Ignoranz jeglicher moralischer Verpflichtung begründet (…).“[171]

Ausschlaggebend für das ethische Verhalten eines Unternehmens ist, dass Codes nicht nur formuliert, sondern in der Organisation auch gelebt werden. Es muss das Ziel des Unternehmens sein, die Mitarbeiter zu rechtlich und moralisch integerem Verhalten zu motivieren und gleichzeitig Anreize für illegales und unmoralisches Verhalten zu eliminieren.[172] Ein bestimmender Faktor für das ethische Verhalten der Mitarbeiter ist die **Organisationsstruktur**. Ein noch so moralischer Mitarbeiter kann nur in begrenzter Weise moralisch handeln, wenn die Organisationsstruktur dies nicht ermöglicht. Es ist somit notwendig, dass die Organisations-

165 Vgl. Dietzfelbinger (1999), S. 156.
166 Vgl. Kunze (2008), S. 102.
167 Vgl. Sacconi (2000), S. 14.
168 Vgl. Schäfer/Hauser-Dietz/Preller (2004), S. 4.
169 Jones/Bouncken (2008), S. 111.
170 Enron (2000), S. 12.
171 Kunze (2008), S. 80.
172 Vgl. Wieland (2002), S. 4.

struktur Instrumente bereitstellt, die ethisches Verhalten fördern. In diesem Zusammenhang beschäftigt sich Unternehmensethik mit der Schaffung institutioneller Arrangements in der Organisation, in deren Rahmen moralisches Handeln stattfinden kann. Mann spricht hier auch von der Ethik der Organisation.[173]

Der Einfluss der Organisationsstruktur auf das Verhalten der Unternehmensmitglieder wurde auch von Cassell/Johnson/Smith (1997) erkannt. Als zentrale Einflussfaktoren des Verhaltens werden hier die Eigenschaften des Codes, die formalen und sozialen Kontrollmechanismen eines Unternehmens, sowie die Selbstkontrolle der Individuen angesehen.

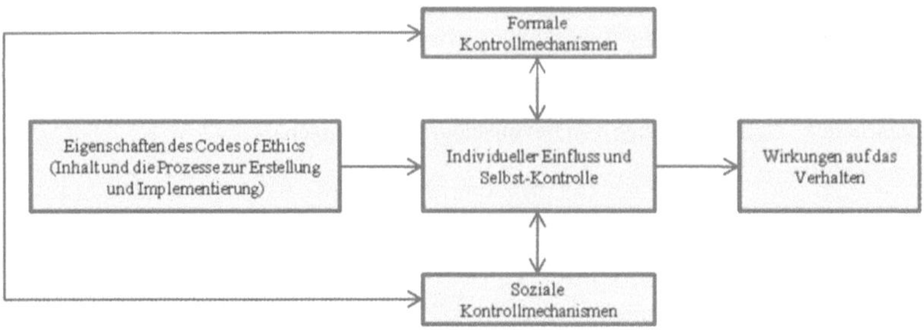

Abbildung 3: Einfluss der Organisationsstruktur auf das ethische Verhalten[174]

Zu den formalen Kontrollmechanismen gehören Verfahren, Technologien und Prozesse (z.B. Vereinheitlichung von Geschäftsabläufen) die mit der Absicht entwickelt wurden, das Verhalten der Unternehmensmitglieder zu steuern.[175] Soziale Kontrollmechanismen erlangen unter Annahme, dass ethisches Verhalten durch interpersonelle Abläufe beeinflusst wird, an Bedeutung. Das ethische Verhalten der Individuen wird hiernach stark durch den Einfluss der direkten sozialen Bezugsgruppen beeinflusst.[176] Damit die formalen und sozialen Kontrollmechanismen jedoch einen Einfluss haben, müssen Normen und Werte direkt oder indirekt durch die Individuen verinnerlicht werden um somit in Form einer Selbstkontrolle auf das Verhalten der Unternehmensmitglieder zu wirken.[177]

[173] Vgl. Beschorner (2008), S. 70-73.
[174] Vgl. Cassell/Johnson/Smith (1997), S. 1089.
[175] Vgl. Cassell/Johnson/Smith, S. 1081.
[176] Vgl. Cassell/Johnson/Smith, S. 1083-1084.
[177] Vgl. Cassell/Johnson/Smith, S. 1085.

Die **Ethik der Organisation** wurde auch von Josef Wieland im Rahmen seiner „Governance-Ethik“ analysiert. Wieland wählt eine **institutionentheoretische Herangehensweise** an unternehmensethische Fragestellungen. Wie bereits in Abschnitt 3.1.1. erläutert wurde, sucht die Institutionsökonomie nach Regeln und Normen (Institutionen), die ein wechselseitig verlässliches Verhalten zwischen den Vertragspartnern bewirken sollen. Aus institutionstheoretischer Sicht geht es bei der Unternehmensethik um „die moralischen Eigenschaften einer Governancestruktur zur Abwicklung wirtschaftlicher Transaktionen.“[178] Unter Governancestrukturen versteht Wieland formale und informale Ordnungen zur Steuerung von Abläufen in einem System oder einer Organisation. Im Bezug auf unternehmensethische Fragestellungen werden darunter firmenspezifische Fähigkeiten (Strukturen, Ressourcen, Kompetenzen, Fähigkeiten) zur Identifizierung und Verarbeitung von moralischen Problemstellungen in der Wirtschaft verstanden.[179] Bezeichnend für die institutionsökonomische Ausrichtung der „Governanceethik“ ist die Annahme von unvollständigen Verträgen.[180]

Wielands Vorschlag besteht in der Implementierung eines **Wertemanagementsystems (WMS)**, das das Ziel hat, für alle Mitarbeiter klar definierte Werte vorzugeben, um dadurch nicht-ethisches Verhalten ausschließen zu können.[181] „WMS sind firmenspezifische Instrumente, die darauf abstellen, die moralische Verfassung eines Teams oder einer Organisation und deren Leitwerte zu definieren und in der alltäglichen Praxis mit Leben zu erfüllen. „(...) Sie geben einer Organisation durch Selbstbeschreibung und Selbstbindung Identität und **signalisieren** möglichen Kooperationspartnern und potentiellen Mitgliedern Erwartungssicherheit im Hinblick auf deren Handeln und Verhalten.“[182]

Mit der Aufstellung und Akzeptanz von Prinzipien und Werten machen Unternehmen deutlich, dass sie sich ihrer moralischen Verantwortung bewusst sind und informieren die Stakeholder darüber, an welchen ethischen und moralischen Grundsätzen sie sich orientieren wollen.[183] Über die Verankerung gemeinsamer moralischer Werte soll der **Anreiz zu opportunistischem Verhalten eingedämmt** und die Kooperationsbereitschaft der handelnden Personen gesteigert werden.[184] Die Verankerung der Werte erhöht so die **Reputation** des Unter-

[178] Wieland (1999), S. 46.
[179] Vgl. Wieland (1999), S. 46-47.
[180] Vgl. Wieland (2001), S. 11-12.
[181] Vgl. Beschorner (2008), S. 74.
[182] Wieland/Grüninger (2000), S. 132.
[183] Vgl. Küpper (2006), S. 167.
[184] Vgl. Wieland (1999), S. 55-56.

nehmens und stärkt die Fähigkeiten zu gemeinsamer Arbeit. Die Implementierung unternehmensethischer Prinzipien kann daher zu einem wichtigen Führungsinstrument werden.[185]

4.1.3. Signalwirkungen von CSR im Rahmen der Wertschöpfungskette

Die Reputation eines Unternehmens ist einer stetigen Gefahr ausgesetzt. Fombrun, Gardberg und Barnett (2000) sehen die Reputation „(...) at risk in everyday interaction with stakeholders."[186] Die Gefahr der Beschädigung oder sogar Zerstörung der Unternehmensreputation wird durch das stärkere Interesse an den Unternehmenspraktiken durch die Öffentlichkeit, und insbesondere durch NGOs verstärkt. NGOs können durch Boykottmaßnahmen den öffentlichen Druck auf die Unternehmen erhöhen, um so die als unangebracht erachteten Praktiken abzustrafen. Ziel einer solchen Boykottaktion war in den 90er Jahren Nike. Der Sportartikelhersteller wurde aufgrund der Arbeitsbedingungen in seinen ausländischen Zulieferbetrieben stark kritisiert.[187] Berichte über Löhne, die das Existenzminimum unterschreiten, misshandelte Arbeiter, maßlose Überstundenarbeit und unzureichende Gesundheits- und Sicherheitsbestimmungen in den Betrieben, steigerten das öffentliche Interesse an Nike‘s Geschäftspraktiken. Nike reagierte zunächst mit Widerstand auf die Kritik und erklärte, dass sie nicht für die Geschäftspraktiken und Arbeitsbedingungen ihrer Zulieferer verantwortlich gemacht werden können. Erst Anbetracht anhaltender Kritik durch NGOs und einem Nachfragerückgang nach Nike-Produkten änderte das Unternehmen Ende der 90er Jahre seine Strategie. 1998 gestand CEO Phil Knight ein, dass der Name Nike zu einem Synonym für Sklavenlöhne, erzwungene Überstundenarbeit und willkürliche Misshandlung von Mitarbeitern geworden ist. Die Aussage Knights bezeichnet einen Wendepunkt im Umgang Nikes mit der Kritik der NGOs. Heutzutage beteiligt sich das Unternehmen entscheidend an der Gestaltung der Arbeitsbedingungen in den Produktionsstätten der ausländischen Zulieferer.[188]

Eine Vielzahl bekannter Unternehmen, die über eine internationale Wertschöpfungskette verfügen, musste schmerzhaft feststellen, dass die Reputation eines Unternehmens maßgeblich von den sozialen und ökologischen Gegebenheiten in den (ausländischen) Produktionsbetrieben beeinflusst wird. Stakeholder halten die Unternehmen für Probleme und Missstände in den Zulieferbetrieben verantwortlich, unabhängig davon, ob diese Vorfälle innerhalb oder

[185] Vgl. Küpper (2006), S. 167-168.
[186] Fombrun/Gardberg/Barnett (2000), S. 87.
[187] Vgl. Smith (2003), S. 60-61.
[188] Vgl. Spar/Mure (2003), S. 89-91.

außerhalb des Kontrollbereiches des Unternehmens stattfinden.[189] Emmelhainz/Adams (1999) stellen hierzu fest: „Buyers are responsible for ensuring that merchandise is produced and distributed under humane, equitable conditions, even though suppliers are often located in distant markets outside the corporate umbrella."[190] Vor allem die (scheinbar) systematische Ausbeutung von Arbeitern, insbesondere Kindern, bei der Herstellung hochpreisiger Konsumgüterartikel, schockiert die Öffentlichkeit.[191]

In Anbetracht der Gefährdung der Reputation suchen Unternehmen nach Möglichkeiten, um die Arbeitsbedingungen in den Produktionsbetrieben mitzugestalten. In letzter Zeit haben v.a. **Sozialstandards** an Bedeutung gewonnen. Die International Organization of Standardization (ISO) definiert Standards als ein „Dokument, das mit Konsens erstellt und von einer anderen Institution angenommen wurde und der für allgemeine und wiederkehrende Anwendungen Regeln, Leitlinien oder Merkmale für Tätigkeiten (...) festlegt (...)."[192] Standards stellen somit anerkannte Regeln dar. Unter Sozialstandards im speziellen versteht man anerkannte Maßstäbe zur Gestaltung von Arbeitsverhältnissen und sozialen Sicherungssystemen.[193]

Beispielhaft zu nennen, ist der **Social Accountability 8000 (SA 8000)**,[194] dessen Ziel es ist, Unternehmen darauf zu verpflichten, in bestimmten Bereichen der Unternehmensaktivitäten aktiv soziale Verantwortung zu übernehmen. Er wurde von der Social Accountability International (SAI) gemeinsam mit Vertretern von internationalen Unternehmen, Lieferanten, der UN und weiteren NGOs mit dem Zweck entwickelt, ein weltweit gültiges Zertifizierungs- und Kontrollsystem für die soziale Verantwortlichkeit der Unternehmen auf der Ebene der Produktionsstätten bereitzustellen. Das Unternehmen und dessen Zulieferer sollen sich auf Mindestanforderungen an die Arbeitsbedingungen verpflichten. Die erfolgreiche Umsetzung der Standards wird dann von externen und unabhängigen Zertifizierungsgesellschaften nach anerkannten, allgemein bekannten Regeln überwacht und bestätigt. Unternehmen, die SA 8000 befolgen, sollen sozial unbedenklich produzieren und zudem Reputation aufbauen. Damit ein Unternehmen bzw. eine Produktionsstätte eine Zertifizierung nach SA 8000 erhält, müssen

[189] Vgl. Roberts (2003), S. 163.
[190] Emmelhainz/Adams (1999), S. 52.
[191] Vgl. Kreikebaum/Behnam/Gilbert (2001), S. 167.
[192] DIN (2001), S. 548.
[193] Vgl. GTZ (2002), S. 4.
[194] Der SA 8000 wurde ursprünglich von der amerikanischen Verbraucherorganisation Council of Economic Principles (CEP) als Grundlage für sozialverträgliches Handeln von international tätigen Unternehmen entwickelt, aus dem 1997 der heutige Träger des Programms, die Akkreditierungsorganisation SAI hervorging. Vgl. Koplin (2006), S. 60.

spezifische Verhaltensleitlinien in den Bereichen Kinderarbeit, Zwangsarbeit, Gesundheit und Sicherheit, Gewerkschaftsfreiheit und Tarifverhandlungen, Diskriminierung, Disziplinarstrafen, Arbeitszeiten, Entlohnung und dem Managementsystem explizit in der Geschäftspolitik berücksichtigt werden.[195] Die Umsetzung von SA 8000 erfolgt in vier Phasen.

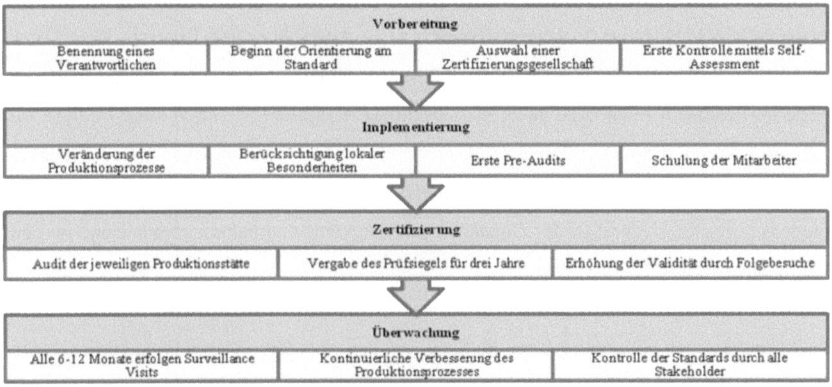

Abbildung 4: Phasen des SA 8000-Zertifizierungsprozesses[196]

Mit der Umsetzung von (Sozial-)Standards in Unternehmen wird neben einer Risikominimierung, einer Prozess- und Kostenoptimierung und einer verstärkten Kundenorientierung vor allem eine **Verbesserung der Reputation gegenüber den Stakeholdern** bezweckt.[197] Da die externen Prüfungsgesellschaften die Einhaltung der Standards nach international anerkannten Regeln kontrollieren, erhalten die Unternehmen eine quasi-objektive Bestätigung, dass sie sozial verantwortlich produzieren. Dadurch soll das Vertrauen der Stakeholder in die langfristig positive Unternehmensentwicklung gesteigert werden. Neben den Konsumenten deuten vor allem die institutionellen Investoren die **Implementierung von Sozialstandards als positives Signal** und richten z.T. ihre Anlageentscheidungen danach aus. So enthält z.B. der FTSE4Good-Index nur Werte, die bestimmte ethische Auswahlkriterien erfüllen. Eine Voraussetzung zur Aufnahme in den Index ist die Zertifizierung nach SA 8000.[198]

[195] Vgl. Gilbert (2001), S. 128-134.
[196] Vgl. Gilbert (2001), S. 135.
[197] Vgl. Bogaschewsky (2004), S. 192-197.
[198] Vgl. Gilbert (2003), S. 35.

4.2. CSR und Arbeitsmarkt

4.2.1. Informationsasymmetrie zwischen Unternehmen und potentiellen Mitarbeitern

Das **Humankapital** wird von Wissenschaft und Praxis als eines der zentralen Bestandteile des immateriellen Vermögens eines Unternehmens eingeschätzt. Es setzt sich u.a. aus dem im Personal- und Management inhärenten Wissen (z.B. Ausbildung und Experten Know-How der Mitarbeiter), deren Kompetenz (z.B. Führungsqualität), sowie sonstiger immaterieller Werte im Personalbereich (z.B. gutes Betriebsklima) zusammen.[199] Durch ihren Einfluss auf wichtige Faktoren des Unternehmenserfolgs, wie Produktivität, Kundenbindung oder Innovationsfähigkeit werden die Mitarbeiter oftmals sogar als das wichtigste Kapital eines Unternehmens bezeichnet. Somit ist der Zugang zu qualifizierten Mitarbeitern entscheidend für den Unternehmenserfolg.[200]

Die Auswahl neuer Mitarbeiter, bzw. die Entscheidung eines Bewerbers für ein Unternehmen zu arbeiten, beinhaltet Matching-Entscheidungen, bei denen das Unternehmen und die Bewerber entscheiden, ob sie zueinander passen. Diese Entscheidungssituationen lassen sich durch eine **asymmetrische Informationsverteilung** kennzeichnen. Welche Marktseite über unvollständige Informationen verfügt, hängt davon ab, welche Partei besser über die ausschlaggebenden Variablen informiert ist. Zu diesen Variablen gehören typischerweise Indikatoren über die Produktivität bzw. Qualifikation des Bewerbers aber auch Informationen über die Arbeitsbedingungen und das Arbeitsumfeld in einem Unternehmen. Somit können unterschiedliche Arten von Informationsasymmetrie vorliegen. Entweder ist das Unternehmen, oder der Bewerber besser über die relevanten Eigenschaften informiert.[201] Im Rahmen dieser Analyse soll ausschließlich die Situation betrachtet werden, in der die Unternehmen besser informiert sind als die Bewerber.

Hoch qualifizierte Mitarbeiter, sogenannte „High Potentials“ treffen ihre Entscheidung, ob sie für ein Unternehmen arbeiten wollen, nicht aus rein finanziellen Bewegründen. **Weiche Faktoren**, wie die grundlegenden Werte und Normen einer Unternehmenskultur, sowie die sich daraus ergebenden Arbeitsbedingungen haben in den letzten Jahren einen enormen Bedeutungsgewinn erfahren.[202] Eine McKinsey-Studie von 1998 hat ergeben, dass „High Potentials“

[199] Vgl. Schäfer/Lindermayer (2004), S. 13-14.
[200] Vgl. Lindner-Lohmann/Lohmann/Schirmer (2008), S. 1.
[201] Vgl. Backes-Gellner/Wolff (2001), S. 395-396.
[202] Vgl. Palazzo (2001), S. 48.

bei der Wahl ihres Arbeitsplatzes besonders auf die Unternehmenskultur (58%) und auf den Grad der Autonomie im Job (56%) achten.[203] Können die Bewerber die Arbeitsbedingungen in einem Unternehmen nicht direkt beobachten, besteht aus ihrer Sicht eine Qualitätsunsicherheit. Untersuchungen haben darauf hingewiesen, dass Bewerber zum Abbau dieser Qualitätsunsicherheit verfügbare Informationen über das Unternehmen als Signal für die Arbeitsbedingungen interpretieren. Bestimmte Unternehmenseigenschaften enthalten Informationen für sie darüber, wie es wäre, für das Unternehmen zu arbeiten.[204]

4.2.2. Die Signalwirkungen von CSR auf potentielle Bewerber

Als Signal für spezielle Unternehmenseigenschaften kann insbesondere die **Reputation** eines Unternehmens interpretiert werden.[205] Die Wirkungen von Reputation auf den Arbeitsmarkt wurden u.a. von Chauvin und Guthrie (1994) analysiert. Hiernach kann eine Reputation als „guter" Arbeitgeber von den Bewerbern als Informationsquelle herangezogen werden. Sie vermittelt Informationen über die Qualität des Mitarbeitermanagements und die herrschenden Arbeitsbedingungen in einem Unternehmen. Der Aufbau einer solchen Reputation verlangt **Investitionen** des Unternehmens in mitarbeiterbezogene Leistungen und Arbeitsbedingungen. Die Kosten dieser Investitionen entsprechen der Differenz zwischen den Kosten für die Leistungen die das Unternehmen tatsächlich bietet und den Kosten die anfallen würden, wenn nur die Leistungen angeboten werden, die vom Markt minimal gefordert werden. Der Ertrag des Unternehmens aus diesen Investitionen wird durch die Fähigkeit, qualifizierte Mitarbeiter zu niedrigeren Kosten anzuwerben, als dies ohne die Reputation möglich wäre, dargestellt. Der Grund hierfür ist, dass die Reputation für die Bewerber einen Wert darstellt. Mitarbeiter sind z.T. bereit auf finanzielle Leistungen zu verzichten, wenn sie dafür für ein Unternehmen arbeiten, dass über eine Reputation als guter Arbeitgeber verfügt. Unternehmen, die über eine solche Reputation verfügen und ihre Verpflichtung gegenüber ihren Mitarbeitern vernachlässigen oder mit dem Ziel einer kurzfristigen Gewinnsteigerungen die mitarbeiterbezogenen Leistungen einschränken, laufen Gefahr, ihren Ruf zu zerstören. Somit erfüllt die Reputation nicht nur eine Informationsfunktion für die Bewerber, sondern bietet ihnen auch eine Versicherung, dass das Unternehmen auch in Zukunft in ihr Humankapital investiert, da sie ansonsten mit einem Nutzenverlust zu rechnen haben.[206]

---

[203] Vgl. Chambers et.al (1998), S. 50.

[204] Vgl. Turban/Greening (1997), S. 659-660.

[205] Vgl. hierzu Abschnitt 3.1.1.

[206] Vgl. Chauvin/Guthrie (1994), S. 543-545.

Untersuchungen kamen zu dem Ergebnis, dass insbesondere die Übernahme gesellschaftlicher Verantwortung durch die Unternehmen zu einer Verbesserung der Reputation führt und somit die Attraktivität des Unternehmens für die Bewerber erhöht. Es wird davon ausgegangen, dass die Attraktivität eines Unternehmens für die Bewerber stark von der Wahrnehmung des Unternehmens abhängt, welche wiederum von der Corporate Social Performance (CSP) des Unternehmens beeinflusst wird. Ausgehend von den Aussagen der Signalingtheorie wird erwartet, dass Unternehmen, die sich durch gesellschaftlich verantwortliche Maßnahmen engagieren, eine vorteilhafte Reputation entwickeln, von möglichen Bewerbern höher eingeschätzt werden und den Unternehmen somit einen Wettbewerbsvorteil gegenüber den Mitbewerbern verschaffen.[207] Williams/Bauer (1994) analysierten die Auswirkungen einer vielseitigen Belegschaft auf die Attraktivität eines Unternehmens für mögliche Bewerber. Sie haben herausgefunden, dass der Grundsatz eines Unternehmens, die Vielseitigkeit in der Belegschaft zu steuern und zu fördern, die Attraktivität des Unternehmens für mögliche Bewerber erhöht, da es als Signal für die Arbeitsbedingungen in diesem Unternehmen verstanden werden kann.[208] Chatman (1989) hat festgestellt, dass Individuen Unternehmen bevorzugen die über Werte und Normen verfügen, die von ihnen als wichtig erachtet werden.[209] Unter der Annahme, dass die CSP als Signal für die grundlegenden Werte und Normen eines Unternehmens verstanden werden kann, ist davon auszugehen, dass sie die Wahrnehmung des Unternehmens durch die Bewerber beeinflusst und somit auch dessen Reputation verbessert.[210]

Turban/Greening (1997) haben die **empirischen Zusammenhänge** zwischen der CSP eines Unternehmens, auf Basis der Beurteilungen der KLD-Datenbank[211], der Reputation und der Attraktivität eines Unternehmens als Arbeitgeber untersucht. Ihre Ergebnisse weisen darauf hin, dass Unternehmen mit einem hohen CSP-Rating auch über eine bessere Reputation und einer daraus resultierenden höheren Attraktivität auf mögliche Bewerber verfügen, als Unternehmen, die ein schwächeres CSP-Rating aufweisen. Diese Ergebnisse deuten darauf hin, dass potentielle Bewerber die CSP eines Unternehmens bewusst wahrnehmen und im Rahmen

[207] Vgl. Turban/Greening (1997), S. 658-659.
[208] Vgl. Williams/Bauer (1994), S. 305-306.
[209] Vgl. Chatman (1989), S. 339
[210] Vgl. Turban/Greening (1997), S. 660.
[211] Das amerikanische Forschungsinstitut KLD liefert Benchmarks in Form von Indizes für Unternehmensnachhaltigkeit. Die Beurteilung der sozialen und ökologischen Aktivitäten eines Unternehmens erfolgt in sieben Aktivitätsbereichen (Unterstützung der Allgemeinheit, Corporate Governance, sozial gerechte Verteilung, Arbeitgeber-Arbeitnehmer-Beziehungen, Umwelt, Menschenrechte und Produkte), von denen die unterschiedlichen Stakeholder eines Unternehmens betroffen sind. Die Untersuchungskriterien werden in jedem Bereich in die möglichen positiven Aspekte (strenghts) und die möglichen negativen Aspekte (concerns) des unternehmerischen Handelns unterteilt. Vgl. Schäfer/Hauser-Dietz/Preller (2004), S. 54-55.

ihres Entscheidungsprozesses berücksichtigen. Unternehmen die über ein höheres CSP-Rating verfügen, können so im „war for talents“ einen entscheidenden Wettbewerbsvorteil erzielen. Zusätzlich kamen Turban/Greening zu dem Schluss, dass die CSP für die Bewerber ein wichtiges Signal für das Wertesystem eines Unternehmens darstellt und somit einen starken Einfluss auf die Wahrnehmung der Arbeitsbedingungen durch die Bewerber hat. Es ist davon auszugehen, dass bestimmte CSP-Dimensionen, wie die Behandlung von Frauen und Minderheiten oder die Arbeitgeber-Arbeitnehmer-Beziehung tendenziell eher als Signal für die Arbeitsbedingungen interpretiert werden, als z.B. die Umweltschutzmaßnahmen oder die Produktqualität.[212]

4.3. CSR und Finanzmarkt

4.3.1. Anknüpfungspunkte zwischen CSR und Finanzmarkt

Die Frage nach CSR und Nachhaltigkeit stellt sich auf dem Finanzmarkt in besonderer Weise. Die überwiegend liberalisierten Finanzmärkte haben einen erheblichen Einfluss auf die Stabilität der Volkswirtschaften erlangt. Finanzmärkte reagieren schlagartig auf politische Ereignisse und wirken durch ihre internationale Verflechtung stark auf die Nationalstaaten. Zusätzlich haben sich in den letzten Jahrzehnten die Kontrollmechanismen und Einflussnahmen des Finanzmarktes auf die Unternehmen verändert. Das weitgehend national begrenzte Kontrollsystem der Banken wurde durch eine in- und ausländische Kontrolle durch Investmentfonds abgelöst. Diese verfolgen in erster Linie eine (kurzfristige) Renditemaximierung und vernachlässigen bei ihrer Kontrolle Nachhaltigkeitskriterien. In der Öffentlichkeit hat diese Entwicklungen eine starke Skepsis gegenüber den Finanzmarkt-Akteuren entstehen lassen. Vor allem die Investment-Aktivitäten von Hedgefonds oder Private-Equity-Firmen werden als gesellschaftlich unverantwortlich angesehen.[213]

Im Kontext von „CSR und Finanzmarkt“ werden neben den produzierenden Unternehmen auch die Finanzdienstleister als Subjekte der Verantwortungsübernahme angesehen. Die Übernahme der Verantwortung lässt sich in diesem Zusammenhang in eine interne und eine externe Dimension untergliedern. Die interne Verantwortungsübernahme beschäftigt sich damit, dass Finanzdienstleistungen nach Kriterien der Nachhaltigkeit konzipiert werden. Als Ausdruck der internen Dimension sind in erster Linie nachhaltige Kapitalanlagen bzw.

[212] Vgl. Turban/Greening (1997), S. 666-667.
[213] Vgl. Ulshöfer/Bonnet (2009), S. 12-13.

Socially Responsible Investments (SRI) zu nennen. Die externe Dimension der Verantwortung befasst sich mit der Beziehung des Finanzdienstleisters zu den gesellschaftlichen Anspruchsgruppen. CSR beinhaltet hier z.B. die Implementierung einer Bankenethik oder der Frage danach, wie im internationalen Finanzmarktkontext eine global gerechte Struktur aussehen könnte.[214]

4.3.2. Socially Responsible Investment

Als **nachhaltige bzw. ökologisch und sozial verantwortliche Kapitalanlagen** werden Anlageformen bezeichnet, die neben ökonomischen Anlagekriterien (Rendite, Risiko und Liquidität) zusätzlich auch außerökonomische, d.h. ethische Werte bzw. moralische Prinzipien berücksichtigen.[215] Im englischsprachigen Raum hat sich hierfür der Begriff Socially Responsible Investment (SRI) durchgesetzt. Das US-amerikanische Social Investment Forum (USSIF) liefert für SRI folgende Definition: „SRI considers both the investor's financial needs and an investment's impact on society. SRI investors encourage investors corporations to improve their practices on environmental, social, and governance issues. "[216]

Waren SRI Kapitalanlagen in der Vergangenheit darauf ausgelegt Unternehmen, die im Rahmen einer Negativauslese durch ihre Produkte oder ihre wirtschaftlichen Produktionsweise die ethischen Prinzipien der Investoren verletzt haben, kein Kapital zur Verfügung zu stellen, werden heute die Unternehmen mit Anlagegeldern belohnt, denen es besonders gut gelungen ist, Nachhaltigkeit in ihren Produkten und/oder Produktions-, Beschaffungs- und Absatzbereichen umzusetzen.[217] SRI Kapitalanlagen haben sich in den neunziger Jahren vor allem auf den Kapitalmärkten des angelsächsischen Raums entwickelt, wo teilweise zweistellige Zuwachsraten verzeichnet wurden. Während im Jahr 1997 rund 1,19 Bill. USD in SRI Kapitalanlagen investiert waren, wuchs dieser Betrag bis zum Jahre 2005 auf 2,29 Bill. USD. In Europa sind, mit Ausnahme von Großbritannien, SRI Kapitalanalgen noch von geringer Bedeutung.[218] Die folgende Abbildung verdeutlicht, dass vor allem in Deutschland bisher noch ein relatives geringes Anlagevolumen im Bereich SRI herrscht. Experteneinschätzungen gehen hier aber von einem signifikanten Aufholpotenzial aus.[219]

[214] Vgl. Ulshöfer (2009), S. 32-33.
[215] Vgl. Schäfer (2009), S. 64; Rivoli (2003), S. 271-272.
[216] USSIF (2008).
[217] Vgl. Schäfer (2009), S. 66.
[218] Vgl. Social Investment Forum (2006), S. 1-2.
[219] Vgl. Schäfer (2009), S. 67.

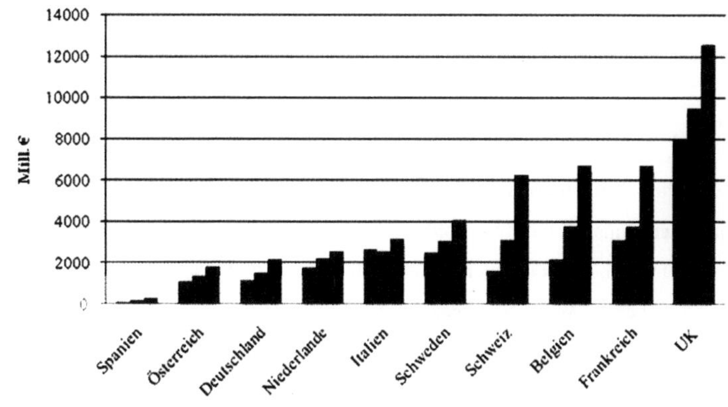

Abbildung 5: Entwicklung des SRI-Anlagevolumens in Europa (2005-2007)[220]

Im Kontext von SRI kann die CSR-Strategie eines Unternehmens als **Signal an die Investoren** dienen. Die europäische Union schreibt hierzu in ihrem Grünbuch: „Verantwortliches Handeln unter sozialen und ökologischen Aspekten liefert Investoren zuverlässige Anhaltspunkte über die Qualität des internen und externen Managements.“[221] Informationen zur Nachhaltigkeit der Unternehmenstätigkeiten versetzen Investoren somit in die Lage, Finanzmittel in Abhängigkeit des Ausmaßes der erreichten CSR zu vergeben.[222]

Neben Investoren, die ihre Anlageentscheidung explizit an ethischen Kriterien ausrichten, berücksichtigen aber auch **konventionelle Investoren** die CSR-Aktivitäten der Unternehmen bei der Gestaltung ihrer Anlagepolitik. Konventionelle Investoren treffen ihre Entscheidung zur Kapitalvergabe auf Basis eines Rendite/Risiko-Kalküls. Denjenigen Unternehmen, die in einer bestimmten Risikoklasse die höchsten Beiträge zum Shareholder Value leisten, wird das Kapital überlassen. Die CSR-Aktivitäten liefern den Investoren wichtige Informationen über die zukünftigen Erträge und das Risiko des Unternehmens. Auf Basis dieser und weiterer Informationen, bilden sie Erwartungen hinsichtlich der Rendite/Risiko-Relation der Anlage in die Aktie des Unternehmens. Die **Verbesserung der Reputation** des Unternehmens durch die Übernahme gesellschaftlicher Verantwortung kann so als **positiver Beitrag zur Reduktion des Risikos der Anlage in die Aktie** gesehen werden. Hierdurch werden Kapitalanaleger eine geringere Kompensation für das Risiko, das durch die Anlage in die Aktie entsteht, ver-

220 Vgl. Avanzi (2007), S. 12.
221 EU-Kommission (2001), S. 23.
222 Vgl. Schäfer/Lindenmayer (2005), S. 31.

langen. Unternehmen können so ihre Kapitalkosten senken und dadurch die Aufnahme zusätzlichen Eigenkapitals erleichtern.[223]

4.3.3. Einfluss von CSR-Ratings auf die Anlageentscheidung der Investoren

Bestehen zwischen dem Unternehmen und den externen Stakeholdern **asymmetrisch verteilte Informationen**, müssen die Stakeholder opportunistisches Verhalten von Seiten des Unternehmens befürchten. In einer solchen Situation werden die Stakeholder nach zusätzlichen Informationen suchen.[224] Wie bereits gezeigt wurde, ist die Informationssuche jedoch immer mit Kosten verbunden.[225] Investoren, die bei ihrer Anlageentscheidung die Nachhaltigkeit der Aktivitäten eines Unternehmens berücksichtigen wollen, müssen zunächst die relevanten Informationen am Markt zusammentragen und analysieren. Unter der Annahme, dass die Fähigkeiten eines Individuums zur Verarbeitung von Informationen begrenzt sind, wird die Anlageentscheidung unter eingeschränkter Rationalität getroffen. Asymmetrische Informationen, opportunistisches Verhalten der Unternehmen und die begrenzte Rationalität von Stakeholdern begründen so die Existenz von Institutionen am Markt, die die Beurteilung der Unternehmensaktivitäten vornehmen.[226]

Wenn Institutionen am Markt existieren, die eine höhere Fähigkeit besitzen Informationen zu verarbeiten als die Individuen selbst, dann besteht für die Stakeholder ein Anreiz auf die Informationsdienstleistungen dieser Institutionen zurückzugreifen, um so die eigenen Informationssuchkosten (Transaktionskosten) zu reduzieren.[227] Aus ökonomischer Sicht reduzieren **Rating-Institutionen** die asymmetrische Informationsverteilung, die im Rahmen einer Vertragsverhandlung zwischen den Akteuren besteht. Rating-Institutionen erfüllen hier zum einen eine **Informationsfunktion**, da sie den Stakeholdern Informationen zugänglich machen, die ihnen ansonsten womöglich verborgen geblieben wären, und zum anderen eine **Zertifizierungsfunktion**, da die Informationen durch den Rating-Prozess an Glaubwürdigkeit und Verlässlichkeit gewinnen.[228]

CSR-Ratings sind methodologisch an Finanz-Ratings angelehnt und bewerten Unternehmen nach ethischen, sozialen und/oder ökologischen Kriterien. Die bestehenden Bewertungskon-

[223] Schäfer/Lindenmayer (2005), S. 32-36.
[224] Vgl. Williamson (1975), S. 31.
[225] Vgl. hierzu Abschnitt 3.1.1.
[226] Vgl. Schäfer et.al (2006), S. 13.
[227] Vgl. Schäfer et.al (2006), S. 13.
[228] Vgl. Schäfer et.al (2006), S. 14.

zepte zeichnen sich jedoch durch eine hohe **Individualität und Unterschiedlichkeit** aus. In der Regel greifen Rating-Institutionen Sozial- und Umweltkriterien, die von NGOs definiert wurden, auf und wenden sie bei den Unternehmen an. Sie zeichnen sich in diesem Prozess dadurch aus, dass sie bestimmte Verfahrenstechniken entwickeln, mit der sie für ein Unternehmen oder eine Branche Daten über CSR bzw. Nachhaltigkeit erheben und dann zu einem Rating verdichten. Je nach Rating-System kann die Auswahl auf Basis eines Umwelt- oder Sozialfilters oder zusätzlich eines Finanzfilters erfolgen. Die endgültige Beurteilung hinsichtlich der Erfüllung der gesetzten Anforderungen durch die Unternehmen wird in der Regel durch ein Gremium (Beirat/Ausschuss) vorgenommen.[229]

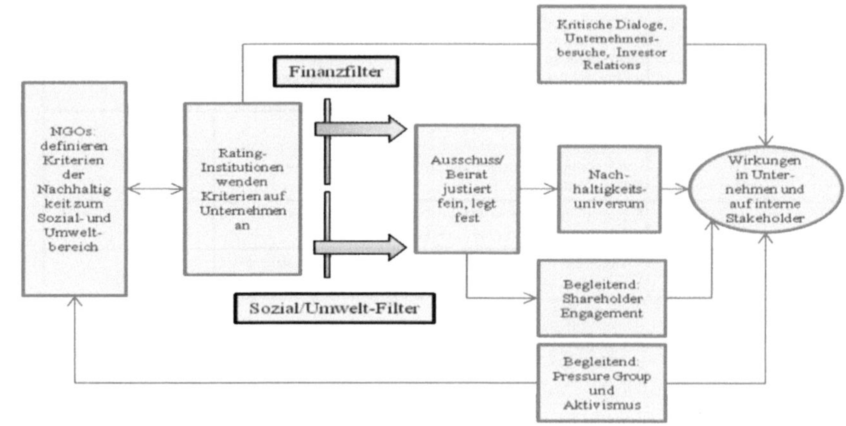

Abbildung 6: Grundprozesse des CSR-Ratings[230]

CSR-Ratings haben in erster Linie eine **Transparenz- und eine Signalfunktion**. Den interessierten Stakeholdern liefern sie in aggregierter Form Informationen über die Nachhaltigkeit eines Unternehmens (Transparenzfunktion). Aus Sicht des Unternehmens besteht durch CSR-Ratings die Möglichkeit, die Einschätzung der Stakeholder über die Nachhaltigkeit der Unternehmensaktivitäten zu verbessern (Signalfunktion). Bei einer entsprechenden Durchdringungstiefe eines Ratings in der Öffentlichkeit, kann eine Verbesserung des Ratingurteils die Einstellung der Stakeholder gegenüber dem Unternehmen verbessern.[231]

[229] Vgl. Schäfer/Hauser-Dietz/Preller (2004), S. 14.
[230] Vgl. Schäfer/Hauser-Dietz/Preller (2004), S. 14.
[231] Vgl. Schäfer/Hauser-Dietz/Preller (2004), S. 3.

Damit CSR-Ratings aus Sicht der Unternehmen als Signal an die Stakeholder interessant sind, muss mit einer Verbesserung des CSR-Ratings auch eine **Steigerung des finanziellen Erfolgs** des Unternehmens einhergehen. Falck/Heblich haben den Zusammenhang zwischen CSP und CFP bei europäischen Unternehmen untersucht. Als Indikator für die CSP dient das „Good Company Ranking“ (GCR). GCR basiert auf öffentlichen Unternehmenspublikationen und beurteilt den Umfang der gesellschaftlichen Verantwortung in fünf Kategorien. Für jedes Unternehmen wird anhand der Kategorien ein Punktewert ermittelt.[232]

Kategorie	Kriterien	Max. Punktwert
Mitarbeiter	VergŸtung, Personalentwicklung, PotenzialauschŠpfung, Ethik, Management	25
Gesellschaft	Orientierung des sozialen Engagements an der Unternehmensstrategie, Verankerung der CSR-Programme im Unternehmen, Innovationsgrad des sozialen Engagements, gesellschaftliche Einbettung der Unternehmensinitiativen, gesellschaftliche Sensibilisierung fŸr die Themen der CSR-Programme	25
Umwelt	betriebliche Umweltleistung, Umweltaspekte der WertschŠpfungskette, škologische Innovationen, Integration von Umweltaspekten in GeschŠftsprozesse, Dialog mit Stakeholdern	20
Finanzielle StŠrken/Performance	Eigenkapitalquote, Ebit-Marge, Total Shareholder Return, Wachstum, VolatilitŠt des Cashflow	15
Interne und externe Transparenz	Transparenz der eigenen GeschŠftsvorgŠnge, insbesondere bei Misserfolgen und RŸckschlŠgen	15

Tabelle 2: Kategorien des Good Company Rankings[233]

Falck/Heblich haben zunächst untersucht, ob die Veröffentlichung von CGR einen Einfluss auf den Aktienkurs des betrachteten Unternehmens hat. Kann dies bestätigt werden, wird in einem zweiten Schritt, ob eine gute Bewertung im CGR einen positiven Effekt auf die Aktienkursentwicklung der betrachteten Unternehmen hat, untersucht. Falck/Heblich kamen zu dem Ergebnis, dass beides nicht abgelehnt werden kann. Hieraus ziehen sie die Erkenntnis, dass ein gutes Stakeholder-Management für die Investoren von Bedeutung ist.[234] Im Rahmen einer vergleichbaren Studie kamen Jones/Murrell 2001 zu ähnlichen Ergebnissen, dass die CSP ein wichtiges Signal für potentielle Investoren ist.[235] „CSP provides a means through which firms can convey their values and beliefs toward particular issues that can be used by individuals as an information processing shortcut in making a decision about afirm.“[236]

[232] Vgl. Falck/Heblich (2006), S. 10-12.
[233] Falck/Heblich (2006), S. 12.
[234] Vgl. Falck/Heblich (2006), S. 12-15.
[235] Vgl. Jones/Murrell (2001), S. 70.
[236] Jones/Murrell (2001), S. 70.

5. Fazit und Ausblick

Es liegt im Interesse der Unternehmen und ihrer Shareholder nachhaltige Unternehmensgewinne zu realisieren. Um dies zu ermöglichen müssen Manager nicht nur Gewinne maximieren, sondern auch die langfristigen Bedingungen der Gewinnerzielung, durch Investitionen in das Wettbewerbsumfeld, beeinflussen.[237] Entscheidend für Erfolg eines Unternehmens ist u.a. die Etablierung langfristiger Beziehungen mit den relevanten Stakeholdern. Ziel der vorliegenden Arbeit war es, die Fähigkeit der Unternehmen zu beurteilen, durch die Übernahme gesellschaftlicher Verantwortung, Stakeholder dazu zu veranlassen langfristige Beziehungen mit dem Unternehmen einzugehen. Es war das zentrale Anliegen aufzuzeigen, dass die Übernahme gesellschaftlicher Verantwortung wichtige Unternehmenseigenschaften an die Stakeholder signalisiert und damit dazu beitragen kann, deren Skepsis gegenüber dem Unternehmen zu reduzieren. CSR sollte in diesem Zusammenhang als bedeutender Bestandteil der strategischen Unternehmensführung verstanden werden. Dieses Vorgehen basierte auf folgenden Prämissen:

- Die Beziehungen eines Unternehmens zu den Stakeholdern zeichnen sich durch asymmetrisch verteilte Informationen aus. Aus Sicht der Stakeholder besteht Unsicherheit über wichtige Unternehmenseigenschaften.
- Informationsasymmetrien können durch den Aufbau einer positiven Unternehmensreputation abgebaut werden. Reputation hat die Fähigkeit wichtige Unternehmenseigenschaften an die Stakeholder zu signalisieren.
- Die Übernahme gesellschaftlicher Verantwortung hat einen positiven Einfluss auf die Unternehmensreputation. CSR kann Zuverlässigkeit, Glaubwürdigkeit, Fairness und weitere vertrauensbildende Eigenschaften an die Stakeholder signalisieren.

Der Wirkungszusammenhang zwischen der Übernahme gesellschaftlicher Verantwortung und Reputation wurde u.a. von Eberl/Schwaiger (2006) untersucht. Sie kamen zu dem Ergebnis, dass die Verantwortungsübernahme eine sinnvolle Möglichkeit der Reputationssteigerung darstellt. Neben der Erkenntnis, dass Reputation generell durch die Übernahme gesellschaftlicher Verantwortung steuerbar ist, ist insbesondere von Bedeutung, dass das Ausmaß dieses Einflusses von bestimmten situationsbedingten Faktoren abhängig sind. Um die Reputation optimal zu beeinflussen, müssen Unternehmen abhängig von der jeweiligen Situation agieren.

[237] Vgl. Porter/Kramer (2002), S. 43-44.

Wie jede andere unternehmerische Zielgröße muss somit auch die Reputation einer ständigen Überwachung unterzogen werden.[238]

Hier zeigt sich, dass der Aufbau von Reputation durch die Übernahme gesellschaftlicher Verantwortung kein unternehmensübergreifendes Konzept darstellt. Unternehmen müssen bei der Gestaltung ihres CSR-Engagements ihre spezifischen Umstände berücksichtigen. Bedeutend sind in diesem Zusammenhang vor allem der Unternehmensstandort, die Branche, der ein Unternehmen angehört, die Produktionstechnologien und die relevanten Stakeholder eines Unternehmens. Während Reputation bei einem reinen Dienstleistungsunternehmen (z.B. Finanzdienstleistern) entsteht, wenn sie in der Lage sind ihre Produkte transparent zu gestalten und die Attraktivität des Unternehmens für qualifizierte Arbeitskräfte erhöhen, müssen produzierende Unternehmen vor allem die Auswirkungen ihres Produktionsprozesses (externe Effekte) auf die direkten Stakeholder des Unternehmen berücksichtigen. Reputation entsteht hier in erster Linie, wenn Unternehmen Verantwortung für die ökologischen und sozialen Folgen ihrer Handlungen übernehmen.

Wird CSR in den Wertschöpfungsprozess integriert verstanden, können die Kernkompetenzen des Unternehmens gestärkt und der Unternehmenswert langfristig gesteigert werden.[239] CSR-Strategien lassen sich in diesem Sinne als Geschäftsstrategien verstehen, die darauf abzielen, sowohl den sozialen oder ökologischen Nutzen interner und externer Stakeholder, als auch den Unternehmenswert zu erhöhen. Es wird somit eine Win-Win-Situation angestrebt. Im Umkehrschluss bedeutet dies, dass CSR-Strategien die langfristig nicht zum Unternehmenserfolg beitragen einen überflüssigen Luxus darstellen und gegenüber den Shareholdern nur schwer begründet werden können.

Es zeigt sich somit, dass CSR-Maßnahmen in die übergeordnete Unternehmensstrategie integrierbar sind. Die Analyse der Signalwirkungen kann zu einem rationalen Umgang mit dem gesellschaftlichen Engagements des Unternehmens führen. Mögliche CSR-Maßnahmen können nach dem Kriterium der Signalwirkung sortiert und ggfs. eliminiert werden. Die signalingtheoretische Analyse bietet den Unternehmen eine Möglichkeit die CSR-Strategie an dem Kriterium der „Stakeholder-Orientierung“ auszurichten.

---

[238] Vgl. Eberl/Schwaiger (2006), S. 434.
[239] Vgl. Schäfer (2009), S. 74.

Für die zukünftige Gestaltung der CSR-Strategie kann die signalingtheoretische Analyse somit eine wichtige Informationsquelle darstellen. Hierfür müssen aber noch genauere Wirkungszusammenhänge zwischen der Übernahme gesellschaftlicher Verantwortung und den Aufbau von Reputation herausgearbeitet werden.

Als abschließende Beurteilung lässt sich festhalten, dass Unternehmen durch die Übernahme gesellschaftlicher Verantwortung die Beziehungen zu den relevanten Stakeholdern verbessern können. Bedingung hierfür ist, dass die bestehenden Informationsasymmetrien zwischen den Vertragspartnern abgebaut werden. Dies geschieht in erster Linie, wenn die die Unternehmensaktivitäten transparent dargestellt werden. So kann z.B. ein Corporate Governance-System, dass im Sinne einer Good-Governance konzipiert ist, als Signal an die Stakeholder, für eine gesteigerte Unternehmenstransparenz dienen. Entscheidend für den langfristigen Erfolg von CSR ist das die Maßnahmen zielgerichtet erfolgen.

Literaturverzeichnis

Aigner, Dennis/ Hopkins, Jeff/ Johansson, Robert (2003): Sustainable Business Practices and the Bottom Line, in: American Journal of Agricultural Economics, Heft 5 (85) 2003, S. 1126-1139.

Akerlof, George (1970): The Market for „Lemons": Quality Uncertainty and the Market Mechanism, in: Quarterly Journal of Economics, Heft 3 (84) 1970, S. 488-500.

Audretsch, David/ Weigand, Jürgen (2001): Corporate Governance, in: Die Spieltheorie in der Betriebswirtschaftslehre, hrsg. v. Peter Jost, Stuttgart 2001, S. 83-134.

Avanzi (2007): Green, social and ethical Funds in Europe, Mailand 2007.

Backes-Gellner, Uschi/ Wolff, Brigitta (2001): Personalmanagement, in: Die Prinzipal-Agent –Theorie in der Betriebswirtschaftslehre, hrsg. v. Peter Jost, Stuttgart 2001, S. 395-437.

Baßeler, Ulrich/ Heinrich, Jürgen/ Burkhard, Utecht (2006): Grundlagen und Probleme der Volkswirtschaft, 18. Auflage, Stuttgart 2006.

Berman, Shawn/ Wick, Andrew/ Kotha, Suresh/ Jones, Thomas (1999): Does Stakeholder Orientation Matter? The Relationship between Stakeholder Management Models and Firm Financial Performance, in: Academy of Management Journal, Heft 5 (42) 1999, S. 488-506.

Bernhardt, Wolfgang/ Werder, Axel von (2000): Der German Code of Corporate Governance: Konzeption und Kernaussagen, in: ZfB (70) 2000, S. 1269-1279.

Beschorner, Thomas (2008): Corporate Social Responsibility und Corporate Citizenship: Theoretische Perspektiven für eine aktive Rolle der Unternehmen, in: Corporate Citizenship in Deutschland, hrsg. v. Judith Polterauer, Wiesbaden 2008, S. 68-86.

Blair, Margaret (2003): Shareholder Value, Corporate Governance, and Corporate Performance, in: Corporate Governance and Capital Flows in a Global Economy, hrsg. v. Peter Cornelius und Bruce Kogut, Oxford 2003, S. 53-82.

BMW-Group (2004): Sustainable Value Report 2003/2004, URL: http://www.bmwgroup.com/bmwgroup_prod/d/0_0_www_bmwgroup_com/verantwortung/publikationen/sustainable_value_report_2003/_pdf/9131SVR_D_Gesamt.pdf, Zugriff: 05.09.09, 23.20 Uhr.

Bogaschewsky, Ronald (2004): Beschaffung und Nachhaltigkeit, in: Betriebswirtschaftslehre und Nachhaltigkeit – Bestandaufnahme und Forschungsprogrammatik, hrsg. v. Hans-Dietrich Hassis, Wiesbaden 2004, S. 171-218.

Brammer, Stephen/ Pavelin, Stephen (2006): Corporate Reputation and Social Performance: The Importance of Fit, in: Journal of Management Studies, Heft 3 (43) 2006, S. 435-455.

Brunner, Sibylle/ Kehrle, Karl (2009): Volkswirtschaftslehre, München 2009.

Budäus, Dietrich (2005): Governance – Versuch einer begrifflichen und inhaltlichen Abgrenzung, in: Governance von Profit- und Nonprofit-Organisationen in gesellschaftlicher Verantwortung, hrsg. v. Dietrich Budäus, Wiesbaden 2005, S. 1-13.

Carroll, Archie (1979): A Three-Dimensional Conceptual Model of Corporate Performance, in: The Academy of Management Review, Heft 4 (4) 1979, S. 497-505.

Cassell, Cathy/ Johnson, Phil/ Smith, Ken (1997): Opening the Black Box: Corporate Codes of Ethics in their Organizational Context, in: Journal of Business Ethics, Heft 16 (10 1997), S. 1077-1093.

Chambers, Elizabeth/ Foulon, Mark/ Handfield-Jones, Helen/ Hankin, Steven (1998): The War for Talent, in: McKinsey Quarterly, Heft 3 1998, S. 44-57.

Chatman, Jennifer (1989): Improving International Organizational Research: A Model of Person-Organization Fit, in: Academy of Management Review, Heft 3 (14) 1989, S. 333-349.

Chauvin, Keith/ Guthrie, James (1994): Labor Market Reputation and the Value of the Firm, in: Managerial and Decision Economics, Heft 6 (15) 1994, S. 543-552.

Clarke, Thomas (2007): International Corporate Governance: A comparative Approach, London 2007.

Clarkson, Max (1995): A Stakeholder Framework for analyzing and evaluating corporate social performance, in: Academy of Management Review, Heft 1 (20) 1995, S. 92-117.

Cochran, Philip/ Wood, Robert (1984): Corporate Social Responsibility and Financial Performance, in: Academy of Management Journalm Heft 1 (27) 1984, S. 42-56.

Dietzelbinger, Daniel (1999): Aller Anfang ist leicht: Einführung in die Grundfragen der Unternehmens- und Wirtschaftsethik, München 1999.

Dillerup, Ralf/ Stoi, Roman (2008): Unternehmensführung, 2.Aufl., München 2008.

Deutsches Institut für Normung (DIN, 2001): Grundlagen der Normungsarbeit des DIN, DIN-Normenheft 10, Berlin 2001.

Dowell, Glen/ Hart, Stuart/ Yeung, Bernard (2000): Do Global Environmental Standards create or destroy Value? , in: Management Science, Heft 8 (46) 2000, S. 1059-1074.

Dylick, Thomas (1989): Management der Umweltbeziehungen, Wiesbaden 1989.

Eberhardt, Stefan (1998): Wertorientierte Unternehmensführung: der modifizierte Stakeholder Value Ansatz, Wiesbaden 1998.

Eberl, Markus/ Schwaiger, Manfred (2006): Segmentspezifischer Aufbau von Unternehmensreputation durch Übernahme gesellschaftlicher Verantwortung, in: DBW, Heft 4 (66) 2006, S. 418-440.

Emmelhainz, Margaret/ Adams, Ronald (1999): The apparel response to sweatshop concerns: a review and analysis of codes of conducts, in: Journal of Supply Chain Management, Heft 3 (35) 1999, S. 51-57.

Emons, Winand (2001): Information, Märkte, Zitronen und Signale, in: Wirtschaftsdienst, Heft 11 (86) 2001, S. 664-668.

Enron (2000): Enron Codes of Ethics, URL: http://bobsutton.typepad.com/files/enron-ethics.pdf, Zugriff: 07.09.09, 01:31.

Erlei, Mathias/ Leschke, Martin/ Sauerland, Dirk (1999): Neue Institutionenökonomik, Stuttgart 1999.

EU-Kommission (2001): Grünbuch: Europäische Rahmenbedingungen für die soziale Verantwortung der Unternehmen, Brüssel 2001.

Falck, Oliver/ Heblich, Stephan (2006): Corporate Social Responsibility: Einbettung des Unternehmens in das Wirtschaftsystem, Diskussionsbeitrag Nr. V-45-06, Universität Passau 2006.

Freeman, R. Edward (1984): Strategic Management: A Stakeholder Approach, Boston 1984.

Freeman, R. Edward/ Reed, David L. (1983): Stockholders and Stakeholders: A new Perspective on Corporate Governance, in: California Management Review, Heft 3 (25) 1983, S. 88-106.

Freimann, Jürgen/ Walther, Michael (2002): The Impacts of Corporate Environmental Management Systems – A Comparision between EMAS and ISO 14001, in Greener Mangement International, Heft 36 2002, S. 91-103.

Friedmann, Milton (1970): The Social Responsibility of Business is to Increase Its Profits, in: New York Times Magazine, 13. September 1970.

Fombrum, Charles (1996): Reputation: Realising Value from the Corporate Image, Havard 1996.

Fombrun, Charles/ Gardberg, Naomi/ Barnett, Michael (2000): Opportunity Platforms and Safety Nets: Corporate Citizenship and Reputational Risk, in: Business and Society Review, Heft 1(105) 2000, S. 85-106.

Fombrun, Charles/ Shanely, Mark (1990): What's In A Name? Reputation Building And Corporate Strategy, in: Academy of Management Journal, Heft 2 (33) 1990, S. 233-258.

Gaumnitz, Bruce/ Lere, John (2002): Contents of Codes of Ethics of Professional Business Organizations in the United States, in: Journal of Business Ethics, Heft 1 (35) 2002, S. 35-49.

Gibbons, Robert (1992): Game Theory for Applied Economists, Princeton 1992.

Gilbert, Dirk (2001): Social Accountability 8000 – Ein praktikables Instrument zur Implementierung von Unternehmensethik in international tätigen Unternehmen, in: Zfwu, Heft 2 (2) 2001, S. 123-148.

Gilbert, Dirk (2003): Institutionalisierung von Unternehmensethik in internationalen Unternehmen, in: ZfB, Heft 1 (73) 2003, S. 25-48.

Global Reporting Initiative (GRI) (2006): Leitfaden zur Nachhaltigkeitsberichterstattung, URL: http://www.globalreporting.org/NR/rdonlyres/17D902C9-E3D1-422A-8D61-BE210D7D823E/0/G3_Leitfaden.pdf, Zugriff: 05.09.09, 22.18 Uhr.

Deutsche Gesellschaft für technische Zusammenarbeit (GTZ, 2002): Sozialstandards in der Weltwirtschaft, URL: http://www.2.gtz.de/dokumente/bib/02-0472.pdf, Zugriff: 07.09.09, 07.09 Uhr.

Habisch, André (2003): Corporate Citizenship – Gesellschaftliches Engagement von Unternehmen in Deutschland, Berlin 2003.

Habisch, André/ Wenzel, Franz/ Wildner, Martin (2008): Corporate Citizenship als Bestandteil der Unternehmensstrategie, in: Handbuch Corporate Citizenship, hrsg. v. Martin Neureiter, Berlin 2008, S. 3-43.

Hansen, Ursula/ Schrader, Ulf (2005): Corporate Social Responsibility als aktuelles Thema der Betriebswirtschaftslehre, in: DBW, Heft 4 (65) 2005, S. 373-395.

Hansmann, Karl/ Schlange, Joachim/ Seipold, Peer/ Wilkens, Stefan (2003): Der Erfolg von Nachhaltigkeitsmanagement: Eine empirische Untersuchung, Arbeitspapier Nr.12, Universität Hamburg 2003.

Hanusch, Horst/ Kuhn, Thomas/ Cantner, Uwe (2001): Volkswirtschaftslehre 1, Berlin 2001.

Hart, Stuart/ Ahaja, Ganta (1996): Does it pay to be green? An empirical examination of the Relationship between Emission Reduction and Firm Performance, in: Business Strategy and teh Environment, Heft 5 (5) 1996, S. 30-37.

Hart, Stuart/ Sharma, Sanjay (2004): Engaging Fringe Stakeholders for Competitive Imagination, in: Academy of Management Executive, Heft 1 (18) 2004, S. 7-18.

Heertje, Arnold/ Wenzel, Heinz-Dieter (2008): Grundlagen der Volkswirtschaftslehre, 7.Aufl., Berlin 2008.

Helm, Sabrina (2007): Unternehmensreputation und Stakeholder-Loyalität, Wiesbaden 2007.

Holler, Manfred/ Illing Gerhard (2009): Einführung in die Spieltheorie, 7. Aufl., Berlin 2009.

Homann, Karl (2005): Globalisierung aus wirtschaftethischer Sicht, in: Wirtschaftsethik der Globalisierung, hrsg. v. Karl Homann, Peter Koslowski und Christoph Lütge, Tübingen 2005, S. 7-15.

Hostettler, Stephan (2000): Economic Value Added – Darstellung und Anwendung auf Schweizer Aktiengesellschaften, 4.Aufl., Bern 2004

Hunt, Shelby/ Morgan, Robert (1995): The Comparative Advantage Theory of Competition, in: Journal of Marketing, Heft 2 (59) 1995, S. 1-15.

Janisch, Monika (1992): Das strategische Anspruchsmanagement: vom Shareholder-Value zum Stakeholder-Value, St. Gallen 1992.

Jensen, Michael/ Meckling, William (1976): Theory of the firm: Managerial behaviour, agency costs, and ownership structure, in; Journal of Financial Economics, Heft 4 (3) 1976, S. 305-360.

Jones, Gareth/ Bouncken, Ricarda (2008): Organisation, 5.Aufl., München 2008

Jones, Ray/ Murrell, Audrey (2001): Signaling Positive Corporate Social Performance: An Event Study of Family-Friendly Firms, in: Business & Society Heft 1 (40) 2001, S. 59-78.

Jones, Thomas (1995): Instrumental Stakeholder Theory, in: Academy of Management Review, Heft 2 (20) 1995, S. 404-437.

Kaas, Klaus Peter (1991): Marktinformationen: Screening und Signaling unter Partnern und Rivalen, in: ZfB, Heft 3 (61) 1991, S. 357-370.

Kaiser, Stephan/ Schuster, Michael (2004): Corporate Citizenship: Eine betriebswirtschaftliche Betrachtung des gesellschaftlichen Engagements von Unternehmen, in: WiSt, Heft11 2004, S. 669-672.

Kirchhoff, Klaus (2006): CSR als strategische Herausforderung, in: Erfolgsfaktor Verantwortung – CSR professionell managen, hrsg. v. Sam Vaseghi, Heidelberg 2006, S. 13-33.

Konar, Shameek/ Cohen, Mark (2001): Does the Market value Environmental Performance?, in: Review of Economics and Statistics, Heft 2 (83) 2001, S. 281-289.

Koplin, Julia (2006): Nachhaltigkeit im Beschaffungsmanagement: ein Konzept zur Integration von Umwelt- und Sozialstandards, Wiesbaden 2006

Kunze, Max (2008): Unternehmensethik und Wertmanagement in Familien- und Mittelstandsunternehmen, Wiesbaden 2008.

Küpper, Hans-Ulrich (2005): Controlling, 4. Auflage, Stuttgart 2005.

Küpper, Hans-Ulrich (2006): Unternehmensethik, Stuttgart 2006.

Küpper, Hans-Ulrich/ Picot, Arnold (1999): Ethische Aspekte wirtschaftlichen Handelns im Rahmen von Unternehmungen, in: Handbuch der Wirtschaftsethik, Band 3: Ethik wirtschaftlichen Handelns, hrsg. v. Wilhelm Korff, Gütersloh 1999, S. 132-148.

Kreikebaum, Hartmut/ Behnam, Michael/ Gilbert, Ulrich (2001): Management ethischer Konflikte in international tätigen Unternehmen, Wiesbaden 2001

Kreps, David/ Sobel, Joel (1994): Signalling, in: Handbook of Game Theory, Band 2, hrsg. v. Robert Aumann und Sergiu Hart, Amsterdam 1994, S. 849-867.

Kreps, David (1994): Mikroökonomische Theorie, Landsberg/Lech 1994.

Kramer, Mark/ Porter, Michael (2003): Wohltätigkeit als Wettbewerbsvorteil, in: Havard Business Manager, Heft 3 (25) 2003, S. 40-56.

Linder-Lohmann, Doris/ Lohmann, Florian/ Schirmer, Uwe (2008): Personalmanagement, Heidelberg 2008.

Loew, Thomas/ Ankele, Kathrin/ Braun, Sabine/ Clausen, Jens (2004): Bedeutung der CSR-Diskussion für Nachhaltigkeit und die Anforderungen an die Unternehmen – Kurzfassung, Münster 2004.

Logsdon, Jeanne/ Wood, Donna (2002): Reputation as a Emerging Construct in the Business and Society Field, in: Business and Society, Heft 4 (41) 2002, S. 365-370.

Macharzina, Klaus (1999): Unternehmensführung, 3.Aufl., Wiesbaden 1999.

Mahone, John (2002): Corporate Reputation: A Research Agenda using Strategy and Stakeholder Literature, in: Business and Society, Heft 4 (41) 2002, S. 365-370.

Meffert, Heribert/ Kirchgeorg, Manfred (1998): Marktorientiertes Umweltmanagement, 3.Aufl., Stuttgart 1998.

Meffert, Heribert/ Münstermann, Matthias (2005): Corporate Social Responsibility in Wissenschaft und Praxis, Arbeitspapier Nr.186, Wissenschaftliche Gesellschaft für Marketing und Unternehmensführung Münster 2005.

Münstermann, Matthias (2007): Corporate Social Responsibility: Ausgestaltung und Steuerung von CSR-Aktivitäten, Wiesbaden 2007.

Neus, Werner (1989): Ökonomische Agency-Theorie und Kapitalmarktgleichgewicht, Wiesbaden 1989.

Nike (2006): Nike FY 05-06 Corporate Responsibility Report, URL: http://www.nikebiz.com/responsibility/documents/Nike_Fy05_06_CR_Report_C.pdf, Zugriff: 05.09.09, 22:02.

OECD (1998): Corporate Governance: Verbesserung der Wettbewerbsfähigkeit und der Kapitalbeschaffung auf globalen Kapitalmärkten, Ein Bericht der Beratergruppe für die Wirtschaft in Corporate Governance Fragen an die OECD, Paris 1998.

Orlitzky, Marc/ Schmidt, Frank/ Rynes, Sara (2003): Corporate Social and Financial Performance: A Meta-analysis, in: Organization Studies, in: Heft 3 (24) 2003, S. 403-441.

Palazzo, Bettina (2001): Unternehmensethik als strategischer Erfolgsfaktor, in: Management, Heft 1 (2) 2001, S. 48-55.

Picot, Arnold/ Neuburger, Rahild (1995): Agency-Theorie und Führung, in: Handwörterbuch der Führung, 2.Aufl. hrsg. v. A. Kieser, Stuttgart 1995, S. 14-21.

Porter, Michael E./ van der Linde, Class (1995): Green and Competitive: Ending the Stalemate, in: Havard Business Review, Heft 5 (73) 1995, S. 120-134.

Rapold, Ingo (1987): Qualitätsunsicherheit als Ursache von Marktversagen, München 1987

Rappaport, Alfred (1999): Shareholder Value, 2.Aufl. Stuttgart 1999.

Roberts, Sarah (2003): Supply Chain Specific? Understanding the Patchy Success of Ethical Sourcing Initiatives, in: Journal of Business Ethics, Heft 2/3 (44) 2003, S. 159-170.

Reichberger, Jürgen (1993): Game Theory for Economists, San Diego 1993

Rivoli, Pietra (2003): Making a Difference or Making a Statement? Finance Research and Socially Responsible Investment, in: Business Ethics Quarterly, Heft 3 (13) 2003, S. 271-287.

Roberts, Peter/ Dowling, Grahame (2002): Corporate Reputation and Sustained Superior Financial Performance, in: Strategic Management Journal, Heft 12 (23) 2002, S. 1077-1093.

Roberts, Sarah (2003): Supply Chain Specific? Understanding the patchy success of Ethical Sourcing Initiatives, in: Journal of Business Ethics, Heft 2/3 (44) 2003, S. 159-170.

Roiger, Manuela (2007): Gestaltung von Anreizsystemen und Unternehmensethik, Wiesbaden 2007.

Rosen, Rüdiger von (2009): Nachhaltige Geldanlage als Innovationstreiber, in: Corporate Social Responsibility auf dem Finanzmarkt, hrsg. v. Gesinne Bonnet, Wiesbaden 2009, S. 83-98.

Roth, Stefan (2001): Screening- und Signaling-Modelle in: WiSt, (30) 2001, S. 372-378.

Runhaar, Hens/ Lafferty, Helene (2009): Governing Corpoarte Social Responsibility: An Assessment of the Contribution of the UN Global Compact to CSR Strategies in the Telecommunication Industry, in: Journal of Business Ethics, Heft 4 (84) 2009, S. 479-495.

Russo, Michael/ Fouts, Paul (1997): A Resource-Based Perspective on Corporate Environmental Performance and Profitability, in: Academy of Management Journal, Heft 3 (40) 1997, S. 534-559.

Sacconi, Lorenzo (2000): The Social Contract of the Firm, Berlin 2000.

Schaltegger, Stefan/ Synnestvedt, Terje (2002): The link between „green“ and economic success: Environmental Management as the Crucial Trigger between Environmental and Economic Performance, in: Journal of Environmental Management, Heft (65) 2002, S. 339-346.

Schäfer, Henry (2009): Verantwortliches Investieren: Zur wachsenden ökonomischen Relevanz von Corporate Social Responsibility auf den internationalen Finanzmärkten, in: Corporate Social Responsibility auf dem Finanzmarkt, hrsg. v. Gesine Bonnet, Wiesbaden 2009, S. 65-80.

Schäfer, Henry/ Hauser-Dietz, Axel/ Preller, Elisabeth (2004): Transparenzstudie zur Beschreibung ausgewählter international verbreiteter Rating-Systeme zur Erfassung von Corporate Social Responsibility, Bertelsmann Stiftung, Gütersloh 2004.

Schäfer, Henry/ Lindenmayer, Philipp (2005): Unternehmenserfolge erzielen und verantworten, Bertelsmann Stiftung, Gütersloh 2005.

Schäfer, Henry/ Beer, Jana/ Zenker, Jan/ Fernandes, Pedro (2006): Who is Who in Corporate Social Responsibility Rating? – A Survey of internattionaly established rating systems that measure Corporate Responsibility, Bertelsmann Stiftung, Gütersloh 2006.

Schirm, Stefan (2004): Internationale Politische Ökonomie, Baden-Baden 2004.

Schmidt, Matthias (2002): Effektive Unternehmensethik – Vom Modell zu konkreten Schritten, in: Unternehmensethik konkret, hrsg. v. Matthias Schmidt, Wiesbaden 2002, S. 69-91.

Schmidt, Reinhard (2001): Kontinuität und Wandel bei der Corporate Governance in Deutschland, in: Zfbf Sonderheft 47 2001, S. 61-87.

Schmidt, Reinhard/ Weiß, Marco (2003): Shareholder vs. Stakeholder: Ökonomische Fragestellungen, Working Paper Nr.104, Universität Frankfurt am Main 2003.

Schneider, Ursula (2004): Governance statt Government?, in: Betriebswirtschaftslehre und gesellschaftliche Verantwortung, hrsg. v. Peter Steiner, Wiesbaden 2004, S. 17-44.

Schumann, Matthias (2004): Analysen von Märkten mit asymmetrischer Information, Arbeitsbericht Nr.30/2004, Universität Göttingen 2004.

Schwaiger, Manfred (2004): Components and Parameters of Corporate Reputation, in: SBR, Heft 1 (56) 2004, S. 46-71.

Schwalbach, Joachim/ Schwerk, Anja (2006): Corporate Governance und die gesellschaftliche Verantwortung von Unternehmen, URL: http://www2.wiwi.hu-berlin.de/institute/im/publikdl/SchwalbachSchwerk.pdf, Zugriff: 06.09.09, 16.50 Uhr.

Schwerk, Anja (2007): Corporate Governance und Corporate Social Responsibility, in: Ethik und Ökonomie, Band 4: Unternehmensethik: Forschungsperspektiven zur Verhältnisbestimmung von Unternehmen und Gesellschaft, Marburg 2007.

Seifert, Kerstin (2009): Governance als Einflusssystem: der politische Einfluss von NGO in asymmetrisch strukturierten Interaktionsarrangements, Wiesbaden 2009.

Smith, N. Craig (2003): Corporate Social Responsibility: Whether or How?, in: California Management Review, Heft 4 (45) 2003, S. 52-76.

Social Investment Forum (USSIF, 2006): 2005 Report on Socially Responsible Investment Trends in the United States, Washington 2006.

Social Investment Forum (USSIF, 2008): URL: http://www.socialinvest.org /resources/sriguide /srifacts.cfm, Zugriff: 07.09.09, 06.43 Uhr.

Spar, Debora/ Mure, Lane (2003): The Power of Activism: Assessing the Impact of NGOs in Global Business, in: California Management Review, Heft 3 (45) 2003, S. 78-101.

Spence, Michael (1973): Job Market Signaling, in: The Quarterly Journal of Economics, Heft 3 (87) 1973, S. 355-374.

Spremann, Klaus (1990): Asymmetrische Informationen, in: ZfB, Heft (60) 1990, S. 561-586.

Spremann, Klaus (1988): Reputation, Garantie, Information, in: ZfB, (58) 1988, S. 613-631.

Steinmann, Horst/ Löhr, Albert (2002): Unternehmensethik – Zur Geschichte des ungeliebten Kindes der Betriebswirtschaftslehre, in: Entwicklung der Betriebswirtschaftslehre, hrsg. v. Richard Köhler, Stuttgart 2002, S. 509-535.

Stigler, George (1961): The Economics of Information, in: The Journal of Political Economy, Heft 3 (69) 1961, S. 213-225.

Stiglitz, Joseph/ Weiss, Andrew (1981): Credit Rationing in Markets with Imperfect Information, in: American Economic Review, Heft 3 (71) 1981, S. 393-410.

Sundaram, Anant/ Inkpen, Andrew (2004): The Corporate Objective Revisited, in: Organization Science, Heft 3 (15) 2004, S. 350-363.

Theuvsen, Ludwig (2001): Shareholder-Management – Möglichkeiten des Umgangs mit Anspruchsgruppen, Münsterer Diskussionspapiere zu Non Profit-Sektor, Uni Münster 2001.

Tirole, Jean (2001): Corporate Governance, in: Econometrica, Heft 1 (69) 2001, S. 1-35.

Turban, Daniel/ Greening, Daniel (1997): Corporate Social Performance and Organizational Attractiveness to Prospective Employees, in: Academy of Management Journal, Heft 3 (40) 1997, S. 658-672.

Ulshöfer, Gotlind (2009): Corporate Social Responsibility auf den Finanzmärkten: Ebenen der Verantwortung, in: Corporate Social Responsibility auf dem Finanzmarkt, hrsg. v. Gesine Bonnet, Wiesbaden 2009, S. 27-44.

Ulshöfer, Gotlind/ Bonnet, Gesine (2009): Finanzmarkt und gesellschaftliche Verantwortung – Eine Einführung, in: Corporate Social Responsibility und Finanzmarkt, hrsg. v. Gesine Bonnet, Wiesbaden 2009, S. 9-24.

Wentges, Paul (2002): Corporate Governance und Stakeholder Ansatz: Implikationen für die betriebliche Finanzwirtschaft, Wiesbaden 2002.

Werder, Axel von (1996): Grundsätze ordnungsmäßiger Unternehmensführung (GoF), in: Grundsätze ordnungsmäßiger Unternehmensführung (GoF), hrsg. v. Axel von Werder, Sonderheft 36/1996 ZfbF, S. 1-26.

Werder, Axel von (2002): Der deutsche Corporate Governance Kodex – Grundlagen und Einzelbestimmungen, in: Der Betrieb, Heft 16 (55) 2002, S. 801-810.

Werder, Axel von (2003): Ökonomische Grundlagen der Corporate Governance, in: Handbuch Corporate Governance, hrsg. v. Peter Hommelhoff, Köln 2003, S. 3-27.

Wieland, Josef (1999): Die Ethik der Governance, Marburg 1999.

Wieland, Josef (2001): Eine Theorie der Governanceethik, in: zfwu, Heft 1(2) 2001, S. 8-33.

Wieland, Josef (2002): WerteMangement und Corporate Governance, Working Paper Nr.3/2002, Fachhochschule Konstanz 2002.

Wieland, Josef/ Grüninger, Stephan (2000): EthikManagementSysteme und ihre Auditierung, in: Dezentralisierung und weltweite Kooperation, hrsg. v. Josef Wieland, Marburg 2000, S. 123-164.

Williams, Margaret/ Bauer, Talja (1994): The Effect of managing Diversitypolicy on organizational Attractiveness, in: Group and Organization Management, Heft 3 (19) 1994, S. 295-308.

Williamson, Oliver (1975): Markets and Hierarchies: Analysis and Antitrust Implications, New York 1975.

Witt, Peter (2000): Corporate Governance im Wandel, in: Zeitschrift Führung und Organisation, Heft 3 (69) 2000, S. 159-162.

Witt, Peter (2001): Corporate Governance, in: Die Principal-Agent-Theorie in der Betriebswirtschaftslehre, hrsg. v. Peter Jost, Stuttgart 2001, S. 85-116.

Witt, Peter (2002): Grundprobleme der Corporate Governance und international unterschiedliche Lösungsansätze, in: Corporate Governance, hrsg. v. Wolfgang Kürsten, Heidelberg 2002, S. 41-72.

Ziegler, Andreas/ Rennings, Klaus/ Schröder, Michael (2002): Der Einfluss ökologischer und sozialer Nachhaltigkeit auf den Shareholder Value europäischer Aktiengesellschaften, Discussion Paper Nr.02-32, Zentrum für europäische Wirtschaftsforschung, Mannheim 2002.

World Business Council for Sustainable Development (WBCSD, 2000): Corporate Social Responsibility: Making good Business Sense, Genf 2000.

Zingales, Luigi (1998): Corporate Governance, in: The new Palgrave Dictionary of Economics and The Law, Band 1, hrsg. v. Peter Newman, London 1998, S. 497-503.

Zöller, Christine (2007): Interne Corporate Governance, Wiesbaden 2007.

EINZELSCHRIFTEN

Andreas Förster
Internationaler Dienstleistungshandel – Auswirkungen auf Löhne und Beschäftigung
Lohmar – Köln 2012 • 336 S. • € 63,- (D) • ISBN 978-3-8441-0124-9

Achim Schiebel
Dynamische Ressourceneinsatzplanung bei administrativen Workflow Management Systemen
Lohmar – Köln 2012 • 212 S. • € 55,- (D) • ISBN 978-3-8441-0131-7

Anja Itzenplitz
Klimaschutz als nationales und internationales Politikfeld – Zwischenstaatliche Kooperation und nationalstaatliche Implementierung
Lohmar – Köln 2012 • 248 S. • € 56,- (D) • ISBN 978-3-8441-0134-8

Carmen Kühn
Psychopathen in Nadelstreifen
Lohmar – Köln 2012 • 244 S. • € 56,- (D) • ISBN 978-3-8441-0138-6

Eva Fischer (Hrsg.)
Führen im Ehrenamt – Ehrenamtliche Führungskräfte aus jungen, wirtschaftsnahen Organisationen berichten über ihre Erfahrungen
Lohmar – Köln 2012 • 156 S. • € 29,- (D) • ISBN 978-3-8441-0139-3

Harald F. O. von Kortzfleisch (Hrsg.)
Norbert Szyperski – Laudationes zum 80. Geburtstag
Lohmar – Köln 2012 • 96 S. • € 25,- (D) • ISBN 978-3-8441-0141-6

Caspar G. Schauseil
Strategische Geschäftsfelderweiterung deutscher Zeitschriftenverlage – Eine empirische Untersuchung mithilfe der Anwendung von Scoring-Modellen
Lohmar – Köln 2012 • 264 S. • € 57,- (D) • ISBN 978-3-8441-0145-4

Christian Neßler und Felix Tellhelm
Corporate Social Responsibility – Eine signalingtheoretische Analyse
Lohmar – Köln 2012 • 80 S. • € 37,- (D) • ISBN 978-3-8441-0170-6